Markus Zehnder
Angela Hammer
Andrea Letsch

IM SCHWÄBISCHEN
STREUOBSTPARADIES

Menschen, Landschaft, himmlische Genüsse

Markus Zehnder
Angela Hammer
Andrea Letsch

Im Schwäbischen
STREUOBSTPARADIES

Menschen, Landschaft, himmlische Genüsse

Der Autor:

Markus Zehnder, Jahrgang 1960, stammt aus Schramberg im Schwarzwald. Nach dem Gartenbaustudium in Weihenstephan bei Freising und Stationen in Limburgerhof und Freiburg kam er vor über zwanzig Jahren auf die Zollernalb. Dort hat er die Liebe zu den Streuobstwiesen entdeckt und engagiert sich mit Leib und Seele für deren Erhalt. Als Kreisfachberater für Obst- und Gartenbau am Landratsamt in Balingen unterstützt er Obstwiesenbesitzer, Vereine, Kommunen und Betriebe bei ihrem Einsatz für die Streuobstwiesen. Er gibt Schnittkurse, organisiert Pflegeeinsätze, hält Vorträge und ist gefragter Autor für Fachbücher und -zeitschriften. Mit diesem Buch möchte er seine Begeisterung für die herrliche Streuobstlandschaft weitergeben und zum Genießen einladen.

Die Fotografinnen:

Angela Hammer ist 1958 in Südbaden geboren und leidenschaftlich gern Baden-Württembergerin. Sie arbeitet unter anderem als »Freie« für eine Lokalzeitung und ist auf Kunsthandwerkermärkten in der Region zu finden, lebt seit Jahrzehnten am Albtrauf und ist dort auch gern zu Fuß unterwegs – vorzugsweise mit der Kamera. Nicht nur für Landschaften, Dörfer oder Städte, sondern auch für die Menschen dort findet sie eigene Blickwinkel, spürt achtsam Stimmungen nach. Die Wertschätzung für die alte Kulturlandschaft der Streuobstwiesen brachte sie zu diesem Buch.

Andrea Letsch ist 1964 auf der Schwäbischen Alb geboren und dort – wo es »einen Kittel kälter« ist – auch aufgewachsen. Mit ihrem Vater war sie viel in der Natur unterwegs und kam so früh mit den Streuobstwiesen in Berührung. Neben ihrer Tätigkeit in der Kinder- und Jugendpsychiatrie ist sie Fotografin und hat bisher ein Kochbuch mitveröffentlicht. Seit 14 Jahren lebt sie in Öschingen, mitten im Streuobstparadies, und lebt ihre Begeisterung für diese Landschaft sowohl beim Fotografieren als auch ganz praktisch mit ihrem Partner Michael Zeeb beim Bäumeschneiden, Mosten usw. aus. Sie setzt sich dafür ein, dass diese Kulturform erhalten bleibt und wertgeschätzt wird.

Für meine Eltern Regina und Franz Zehnder und meine Lebensgefährtin Heidrun Bernhard, die den Impuls zu diesem Buch gegeben hat.

Bildnachweis:
Beck, Roland (Burg Hohenzollern): S. 94.
Bez, Dietmar: S. 137.
Bitzer, Volker (Traufgänge): S. 90.
Hammer, Angela: *Umschlag, Innentitel, Impressum (Autorenbild),* S. 8/9, 16, 17, 18/19, 20, 21, 22, 23, 24, 27, 28, 29, 31, 32/33, 34, 35, 36, 37, 38, 39, 42, 43, 47, 52, 53, 54, 55, 58/59, 60, 61, 62/63, 66, 68/69, 70, 72, 73, 74, 75, 76/77, 78, 80, 86/87, 91, 92, 93, 95, 97, 98, 101, 104/105, 107, 109, 111, 112/113, 117, 118, 119, 123, 124, 125, 126, 127, 128, 129, 132, 135, 136, 138, 141, 142, 144re., 145, 147, 148/149, 151, 152, 155, 159.
Immig, Harald: S. 65.
Kiedaisch, Peter: S. 15.
Kleiner, Arnold: S. 71.
Landratsamt Reutlingen: S. 103.
Letsch, Andrea: *Vorsatz,* S. 12/13, 14, 26, 30re., 40, 41, 44, 45, 46, 48, 49, 50, 51, 56, 57, 67, 81, 83, 84/85, 88/89, 96, 102, 114, 120/121, 122, 130/131, 133, 134, 143, 144li., 146, 150, 156/157.
Mader, Christian: S. 79.
Regenscheit, Uli: S. 25.
Schropp, Andreas: S. 115.
Zehnder, Markus: S. 7, 11, 30li., 64, 82, 106.

Das Gedicht von Jürgen Jonas auf Seite 102 wurde veröffentlicht in: »Kirschblütengedichte« © holunderwerk Verlag Der faire Kaufladen, Tübingen, 2011.

1. Auflage 2014

© 2014 by Silberburg-Verlag GmbH, Schönbuchstraße 48, D-72074 Tübingen.
Alle Rechte vorbehalten.
Umschlaggestaltung: Christoph Wöhler, Tübingen, unter Verwendung einer Fotografie von Angela Hammer.
Druck: Himmer, Augsburg.
Printed in Germany.

ISBN 978-3-8425-1331-0

Besuchen Sie uns im Internet und entdecken Sie die Vielfalt unseres Verlagsprogramms:
www.silberburg.de

INHALT

ERLEBEN UND GENIESSEN *131*

Liebe Leserin, lieber Leser

Entlang der Schwäbischen Alb liegt es – das Paradies. Das Schwäbische Streuobstparadies. Über 1,5 Millionen Obstbäume bilden mitten im Herzen von Baden-Württemberg die größte Streuobstlandschaft Mitteleuropas. Über 3000 Obstsorten und 5000 Tier- und Pflanzenarten, aber auch viele Obst- und Gartenbauvereine und obstverarbeitende Betriebe haben hier ihre Heimat. Kaum eine Kulturlandschaft Europas bietet vergleichbar viele Facetten. Sei es der Wandel der Jahreszeiten, die bunte Vielfalt an Früchten oder die unterschiedlichen Handwerke – in jeder Hinsicht bieten die schwäbischen Obstwiesen einen Reichtum, der seinesgleichen sucht. Die Streuobstwiesen sind nicht nur Naherholungsgebiet für Jung und Alt, sondern auch Ursprung hochwertiger und regionaltypischer Produkte.

Lange Zeit waren die Obstwiesen eine hochwillkommene und lukrative Einkommensquelle für die Bevölkerung. Dies hat sich inzwischen gewandelt, denn der Obstpreis liegt schon seit Jahrzehnten am Boden. Die Bewirtschaftung lohnt sich kaum mehr und die Streuobstwiesen werden immer weniger gepflegt.

Doch es tut sich was im Schwäbischen Streuobstparadies! Junge Familien stellen mit Begeisterung ihren eigenen Saft her, das Interesse am Baumschnitt erfährt eine Renaissance und kreative Produzenten entwickeln pfiffige Ideen. Es herrscht Aufbruchstimmung. Mit diesem Buch wollen wir den Bewohnern des Streuobstparadieses zeigen, was in ihrer Region steckt. Wir wollen ihnen ihre liebgewonnene Heimat aus einem anderen Blickwinkel zeigen, denn hier treffen Tradition und Innovation, alte Obstsorten und neuartige Produkte aufeinander.

Gästen und Urlaubern, die auf das Schwäbische Streuobstparadies aufmerksam geworden sind, soll dieses Buch einen Einblick in eine urschwäbische Kulturlandschaft bieten und ihr Interesse wecken. Auf dass sie sich aufmachen und die vielfältigen Reize selbst erkunden und erleben wollen. Im Anhang am Ende des Buches finden Sie dafür viele nützliche Hinweise und Adressen.

Lassen Sie sich von unserer Begeisterung für diese Landschaft und ihre Menschen anstecken! Wir wünschen beim Lesen viel Freude und beim Erleben der Landschaft paradiesische Eindrücke.

Markus Zehnder, Angela Hammer und Andrea Letsch

Blütentraum im Streuobstparadies.

IM SCHWÄBISCHEN STREUOBSTPARADIES

Der Verein »Schwäbisches Streuobstparadies«

Das Schwäbische Streuobstparadies ist eine Landschaft inmitten von Obstwiesen. Sie bietet zu allen Jahreszeiten besondere Reize. Doch die Bewohner sind nicht nur in einer paradiesischen Landschaft zuhause, sondern tragen auch eine wichtige Verantwortung, denn das Paradies ist in Gefahr: In den letzten 50 Jahren ist die schützenswerte Kulturlandschaft um mehr als die Hälfte zurückgegangen. Die Bewirtschaftung lohnt sich nicht mehr, denn Obst wird auf der ganzen Welt in intensiv bewirtschafteten Plantagen billig produziert. Viele Streuobstwiesen sind dem Siedlungs- und Straßenbau zum Opfer gefallen. Waren sie lange Zeit Nahrungslieferant und Lebensunterhalt, sind sie heute oft nur noch eine arbeitsintensive Last. Immer mehr Bewirtschafter geben die mühevolle Pflege auf. Diejenigen, die noch den »Buckel krumm« machen auf unseren Streuobstwiesen, tun es nicht, weil es sich wirtschaftlich lohnt, sondern weil sie diese urschwäbische Tradition pflegen, wie es ihre Väter und Großväter schon getan haben. Man könnte sagen: »Alte Männer pflegen alte Bäume« – und dieser Satz trifft leider oft auf die Bewirtschafter im Schwäbischen Streuobstparadies zu. In der Landschaft fehlt nicht nur eine Generation an jungen Bäumen, es fehlt auch der Nachwuchs unter den Bewirtschaftern.

Obwohl es in den letzten Jahren nicht gelungen ist, den Rückgang der Streuobstwiesen zu stoppen, stirbt auch im Paradies die Hoffnung zuletzt. Mehr als 700 Brennereien, 130 Mostereien, 200 Obst- und Gartenbauvereine, in denen sich insgesamt mehr als 23 000 Mitglieder engagieren – diese Zahlen zeigen, dass die Streuobstwiesen auch heute noch, trotz der sinkenden wirtschaftlichen Bedeutung, für zahlreiche Akteure in der Region eine wichtige Rolle spielen. Unzählige Streuobst-Begeisterte bringen sich in Vereinen und Initiativen für den Erhalt der wertvollen Obstbäume ein. Die Ideen, die Begeisterung und vor allem die Verbundenheit mit der Kulturlandschaft sind genauso bunt und vielfältig wie die Streuobstwiesen selbst.

Gemeinsam für den Verein

Im Mai 2012 schlossen sich diese Akteure zusammen, um sich gemeinsam für die Streuobstwiesen starkzumachen. Das Land Baden-Württemberg, die Landkreise Böblingen, Esslingen, Göppingen, Reutlingen, Tübingen und der Zollernalbkreis, zahlreiche Städte und Gemeinden, Vereine und Initiativen sowie Betriebe aus den Bereichen Obst- und Gartenbau, Tourismus, Verarbeitung, Vermarktung und Bildung haben ein gemeinsames Ziel: die größte Streuobstlandschaft Mitteleuropas zu erhalten und besser zu vermarkten. Mit dem Zusammenschluss im übergeordneten Verein Schwäbisches Streuobstparadies werden nun alle Bemühungen konsequent gebündelt, gestärkt und einer einheitlichen Vermarktung zugeführt.

Ein Schwerpunkt der Vereinsarbeit ist die touristische Inwertsetzung der Streuobstwiesen. Die außergewöhnliche Landschaft, die traditionsreichen Verarbeitungsbetriebe und die Charaktere des Streuobstparadieses bieten ein unerschöpfliches Potenzial für spannende, kuriose und abwechslungsreiche Tagesausflüge und Kurzurlaube. Ob Streuobst-Wanderroute oder Erlebnisradweg – mit der Ausarbeitung von streuobstspezifischen Freizeitangeboten möchte der Verein die Streuobstwiesen als Alleinstellungsmerkmal der Tourismusregion Schwäbische Alb besser platzieren.

Obwohl man mit Recht behaupten kann, dass entlang des Albtraufs die »Wiege des Streuobstbaus« liegt,

Das »Schwäbische Hanami« lädt zum Eintauchen ins Blütenmeer ein.

ist sowohl den Bewohnern in der Region als auch in den umliegenden Bereichen kaum bekannt, dass es sich hier um eine Landschaft der Superlative handelt. Ein wichtiges Anliegen des Vereins Schwäbisches Streuobstparadies ist es daher, Bewusstsein und Akzeptanz für die Streuobstwiesen und ihre Produkte zu schaffen.

So kann man im Rahmen der Veranstaltungsreihe »Das Paradies brennt!« unseren Brennern über die Schulter schauen und sich in die Welt der Edeldestillate entführen lassen. In den hiesigen Kleinbrennereien wird jährlich tonnenweise Obst zu feinen Destillaten verarbeitet. Mit handwerklichem Geschick entlocken die Brennkünstler den reifen Früchten den Geist der Streuobstwiesen.

Auch das Nachwuchs-Problem will der Verein anpacken: Streuobst ist so ein buntes, abwechslungsreiches und faszinierendes Thema, dass man Jung und Alt dafür begeistern kann. Ob die Stärkung der Jugendarbeit in den Obst- und Gartenbauvereinen, eine bessere Vermarktung und Bündelung der Bildungs- und Erlebnisangebote oder die Etablierung von Streuobst-Unterricht in Grundschulen – durch gezielte Nachwuchsförderung und Sensibilisierung will der Verein neue, insbesondere junge Zielgruppen für die Streuobstwiesen gewinnen. Damit das Paradies eine Zukunft hat!

»Champagner Bratbirne«, »Schöner aus Boskoop« oder »Goldrenette Freiherr von Berlepsch« – was klingt wie aus dem Märchen, ist im Paradies Wirklichkeit: Im Schwäbischen Streuobstparadies gibt es über 3000 verschiedene Obstsorten. Jede hat nicht nur ein eigenes Aroma und Erscheinungsbild, sondern jede auch eine eigene Geschichte. Apfel ist eben nicht gleich Apfel. Und genauso vielfältig wie unsere Streuobstlandschaft sind die unzähligen Produkt-Kreationen, die in der Region aus alten, fast vergessenen Apfel- und Birnensorten entstehen.

Während der Preis für Mostobst unter dem weltweiten Marktpreis liegt, gelingt es findigen Schwaben immer wieder, die Streuobstwiesen mit außergewöhnlichen Produkten jenseits des Apfelsaftes in Wert zu

mehr Streuobstprodukte in die Einkaufswagen und auf die Teller kommen. Dazu gehört auch, Streuobst-Produkte wieder besser zugänglich zu machen und neue Wege in der Vermarktung einzuschlagen.

Um das Qualitätsniveau der Produkte weiter nach oben zu treiben und das Wissen rund um Verarbeitung und Vermarktung in der Region zu vernetzen, arbeitet der Verein Fortbildungsangebote aus. Wie keltere ich einen guten Most? Wie berate ich Kunden? Wie gestalte ich einen Hofladen? Wie wird mein Destillat besonders fein? Man lernt nie aus! Das gilt auch für alle Streuobst-Begeisterten. Gerade weil das Vereinsgebiet so bunt und vielfältig ist, voller Ideen und Charaktere steckt und die Sorten und Verarbeitungstechniken so verschieden sind, können wir besonders viel voneinander und miteinander lernen.

Aber es ist auch jeder Einzelne gefragt: Jeder kann seinen Beitrag zum Erhalt dieser außergewöhnlichen Landschaft leisten. Ob als Nutzer der vielen Freizeitangebote, als Hobby-Bewirtschafter oder als aufgeklärter Verbraucher und Konsument von Streuobst-Produkten – das Paradies ist nur so stark wie die Menschen, die in ihm leben und es besuchen. Deswegen lädt der Verein alle ein, ein Teil des Paradieses zu werden!

Gemeinsam in eine Richtung blicken und aus kleinen Schritten große Schritte zu machen, ist die Philosophie des jungen Vereins. Die hauptamtliche Geschäftsstelle wird gemeinsam mit allen Mitgliedern nicht müde werden, sich für den Erhalt der Streuobst-wiesen einzusetzen.

Weitere Informationen

Verein Schwäbisches Streuobstparadies e. V.
1. Vorsitzender: Heinz Eininger, Landrat des Land-kreises Esslingen. 2. Vorsitzender: Michael Bulander, Oberbürgermeister der Stadt Mössingen. Geschäfts-führerin: Maria Schropp.
Marktplatz 1, 72574 Bad Urach, Telefon (0 71 25) 3 09 32 63, www.streuobstparadies.de

Bald gibt es frischen Saft: Äpfel in der Mosterei.

setzen. Ob prickelnde Perlweine, knusprige Apfelchips oder aromatische Destillate – in den Kellern im Streu-obstparadies blubbert und brodelt es insbesondere in der Winterzeit, während wahre Kenner urige Äpfel und Birnen in köstliche Leckereien umwandeln. Die Vermarktung dieser hochqualitativen Produkte möchte der Verein stärken und dafür Sorge tragen, dass wieder

🍐 Gespräch mit Maria Schropp
Geschäftsführerin des Vereins
Schwäbisches Streuobstparadies

Wo sehen Sie die Vorteile und Chancen in der breit aufgestellten Mitgliederstruktur: Verwaltung mit Kommunen, Landkreise, das Land Baden-Württemberg, Vereine, Betriebe, Bildungseinrichtungen, Idealisten?

»Unzählige Akteure setzen sich seit vielen Jahren für den Erhalt der Streuobstwiesen ein. Ich glaube, es gibt genauso viele Projekte und Ideen wie Bäume im Schwäbischen Streuobstparadies. Was bisher fehlte, ist eine konsequente Bündelung dieser Bemühungen und eine schlagkräftige und einheitliche Vermarktung des Themas. Mit dem Verein Schwäbisches Streuobstparadies haben wir es geschafft, dass sich ein breites Bündnis zusammengeschlossen hat und auf ein gemeinsames Ziel hinarbeitet. Wir haben so die Chance, aus vielen kleinen Schritten zum Streuobsterhalt große Schritte zu machen, die Aufmerksamkeit erregen. Die größte Streuobstlandschaft Mitteleuropas tritt nun geschlossen auf. Das gibt dem Thema Streuobst Auftrieb und bringt gleichzeitig Vorteile und Erfolge für jeden einzelnen Akteur.«

Der Erfolg eines solchen Bündnisses hängt stets von den Menschen ab, die es mit Leben füllen. Wie sind bisher Ihre Erfahrungen, wie ist die Resonanz?

»Ich pflege immer zu sagen: Ein Baum ist nur so stark wie seine Wurzeln. Das trifft auch auf das Streuobstparadies zu. Die Mitglieder sind unsere Wurzeln und unsere Lebensspender. Wir brauchen ihre Ideen, ihr Vertrauen und insbesondere ihre Mitwirkung. Die bisherigen Erfahrungen sind gut: Die Idee des Streuobstparadieses fruchtet, ich habe das Gefühl, wir können vielen Akteuren und Initiativen Auftrieb geben. Natürlich können wir nicht von heute auf morgen die Welt retten – dazu ist die Aufgabe viel zu schwierig. Da ist Geduld gefragt. Aber unsere Mitglieder sind motiviert, begeistert und schauen nach vorne, das ist der richtige Weg. Trotzdem gibt es im Streuobstbereich nach wie vor viel Verdrossenheit und Resignation. Das

prägt natürlich auch das Image des Themas. Dieses Image müssen wir umkehren, dazu muss jeder Mitwirkende seine Haltung unter die Lupe nehmen. Natürlich müssen wir auf den schlechten Zustand der Streuobstlandschaft aufmerksam machen, aber wir müssen gleichzeitig begeistern und mit unserer Leidenschaft die breite Bevölkerung anstecken. Das Schwäbische Streuobstparadies gibt neue Hoffnung, neue Impulse und Motivation.«

Wie würden Sie die Vision hinter den Zielen des Vereins Schwäbisches Streuobstparadies beschreiben?

»Unsere Vision ist ein Baum, der Früchte trägt. Bewusstseinsbildung, Nachwuchsförderung, freizeittouristische Angebote, innovative Produkte, neue Erkenntnisse … das sind alles Früchte, die wir gemeinsam mit unseren Mitgliedern ziehen möchten. Von der Ernte sollen nachher alle profitieren. Und aus dem Baum sollen natürlich auch neue Bäume entstehen. Wir haben die Vision, dass diese einzigartige Landschaft künftig als Inbegriff schwäbischer Tradition verstanden wird, die gehegt und gepflegt wird, die durch alle Alters- und Interessensgruppen begeistert und fasziniert und für die Politik und Gesellschaft Verantwortung übernehmen. Eben ein wahres Paradies auf Erden.«

Warum hängt Ihr Herz am Streuobst?

»Weil mir beim Anblick von Streuobstwiesen das Herz aufgeht!«

Die Streuobstlandschaft vom Neckar bis zur Alb

Metzingen-Glems liegt eingebettet in Streuobstwiesen; rechts im Hintergrund die Achalm. Gegenüberliegende Seite: Hoch ragt die Ruine Reußenstein über die Neidlinger Kirschbäume.

Baden-Württemberg gilt als Wiege des Streuobstbaus. Entlang des stark zerteilten Nordabfalls der Schwäbischen Alb, dem so genannten Albtrauf und seinem Vorland zwischen Balingen und Göppingen, liegt das größte zusammenhängende Streuobstgebiet Mitteleuropas – das Schwäbische Streuobstparadies. Diese hügelige Region ermöglicht aufgrund ihrer Hanglagen und überwiegend schweren Böden keine intensive landwirtschaftliche Nutzung, sodass die Streuobstwiesen ihren landschaftsprägenden Charakter behalten konnten. Sie ist Heimat unzähliger Obstwiesenbewirtschafter, obstverarbeitender Betriebe mit innovativen Ideen und aktiver Vereine. Heute zählt

sie darüber hinaus zu den international bedeutendsten Brutvogelgebieten in Europa.

Der schwäbische Geograph und Pfarrer Robert Gradmann beschrieb diese Landschaft im Jahr 1931 so: »Jedem, der die württembergische Grenze von Osten her überschreitet, fallen die Obstwälder sofort auf, die hier Tal und Hügel überkleiden, ein herzerquickendes Bild der Fülle und des Segens. (...) Aber die allgemeine Ausbreitung (des Obstbaues) erfolgte nur unter unermüdlicher Anregung von oben. Damals noch musste in vielen Landesteilen der Obstbau unter heftigem Widerstreben, weil er der Pflugarbeit hinderlich war, den Leuten geradezu aufgezwungen werden. Der Erfolg war überraschend und ging über das gewollte Ziel eigentlich hinaus. Wiewohl das Land auch Tafelobst erzeugt, werden nämlich die Obsternten hauptsächlich zur Bereitung von »Most« (Apfel- und Birnenwein) verwendet, und an dessen Genuss hat sich die Bevölkerung nun so gewöhnt, dass er zu einem unentbehrlichen Lebensbedürfnis geworden ist. Kein Taglöhner zieht ohne seinen Mostkrug aus, und hart arbeitende Leute vertilgen von diesem ›Haustrunk‹ unglaubliche Mengen. Um das Bedürfnis zu befriedigen, kann man jetzt nicht Obstbäume genug pflanzen.«

Neben der Sparsamkeit und dem Fleiß ist laut Gradmann also auch die Liebe zu Obstbäumen und dem daraus hergestellten Most ein charakteristisches Markenzeichen der Schwaben. Als Most wird hier der vergorene Saft aus Äpfeln und Birnen bezeichnet, dessen Herstellung auf eine lange Tradition zurückblicken kann. Sie beginnt mit Funden von Obstkernen in Unteruhldingen am Bodensee aus der Stein- und Bronzezeit. Doch diese wilden Früchte waren noch nicht wirklich genießbar. Erst mit der Kunst des Veredelns, die die Römer ins Schwabenland brachten, konnten Bäume mit

gut schmeckenden Früchten weiter vermehrt werden. Auch der Most gehörte schon bei den Römern zur täglichen Ernährung, musste aber bald mit dem Wein konkurrieren.

Die württembergischen Herzöge, allen voran Herzog Karl Eugen (1728–1793), ordneten die Pflanzung vieler Obstbäume an und legten damit den Grundstein für die heutigen Streuobstwiesen. Für sein Lustschloss Solitude bei Stuttgart ließ er eine Baumschule einrichten. Unter der Leitung von Johann Caspar Schiller, dem Vater des berühmten Dichters Friedrich Schiller, entstanden Hunderttausende Obstbäume für das Herzogtum Württemberg. Die Abkühlung des Klimas – und später die starke Verbreitung der Reblaus – machten vielen Weinbergen den Garaus und bereiteten neuen Platz für Obstbäume. Mit den Bäumen stieg das Interesse der Bevölkerung für den Schnitt und die Obstsorten. Deshalb gründete Eduard Lucas in Reutlingen 1860 das erste und einzige Pomologische Institut, in dem Tausende von Baumwarten ausgebildet wurden, Obstsorten gesammelt und als Veredelungsreiser bis nach Afrika verschickt wurden. Als Fachschule für Gartenbau und Obstzucht war es in ganz Europa bekannt und Vorbild für zahlreiche ähnliche Ausbildungsstätten in Deutschland. Damit war Württemberg endgültig das obstbauliche Zentrum Europas.

Auf lieblich hügeligen Flächen – zwischen Schwäbischer Alb und Neckar sowie Burg Hohenstaufen bei Göppingen und Burg Hohenzollern bei Hechingen – haben sich die Obstwiesen bis heute erhalten und laden zum Schwärmen und Genießen ein. Die Bezeichnung »Schwäbisches Streuobstparadies« könnte für diese Landschaft treffender nicht sein.

Der Begriff »Streuobstbau« ist vergleichsweise neu. Er entstand in den Vierzigerjahren des vorigen Jahrhunderts zur Abgrenzung gegenüber den niederstämmigen und kleinkronigen Obstbäumen. Streuobstwiesen erkennt man an großkronigen Obstbäumen, die auf kräftig wachsenden Wurzeln stehen, weite Abstände zwischen den einzelnen Bäumen haben und

Mössinger Kirschen-vielfalt im Abendlicht.

wie zufällig gestreut in der Landschaft stehen. Schon von der Ferne ist der Einzelbaum erkennbar, während er bei modernen Dichtpflanzungen zum Bestandteil der Baumreihe wird.

Der Wechsel von kleinen Dörfern, eingebettet in Streuobstwiesen, und Städten mit lebhaftem Treiben und kulturellen Angeboten charakterisiert diese Landschaft. Im Gegensatz zu nord- und mitteldeutschen Landschaften ist die Flur reich gegliedert durch Hügel, Täler und Flüsse. Die Realteilung sorgte für die

Zersplitterung der Feldflur in viele kleine Flurstücke. Das zeigt sich ganz besonders in den Obstwiesen: Die mit Obstbäumen bestandenen Grundstücke (schwäbisch: Boomwies, Stückle, Gütle) haben oft nur einige Hundert Quadratmeter. Jeder Eigentümer bewirtschaftet sein »Stückle« so, wie es seinen Vorstellungen und Möglichkeiten entspricht. Oft kommen zu den Obstbäumen noch »Krautländer« mit Gemüse und Beeren hinzu – getreu dem schwäbischen Fleiß. Gerade diese Uneinheitlichkeit und die große Mannigfaltigkeit verschiedenster Kultur- und Landschaftsformen auf engstem Raum sind die charakteristischen Merkmale des Streuobstparadieses. Die Blaue Mauer der Schwäbischen Alb begrenzt und befriedet es und gibt dem Landschaftsbild erst den richtigen Rahmen. Der schwäbische Dichter Eduard Mörike hat diesen Anblick in seiner Novelle »Das Stuttgarter Hutzelmännlein«, in der ein armer Schuster namens Seppe von Stuttgart über die Alb wandert, treffend beschrieben: »*Mit großen Freuden sah er bald von der Bempflinger Höhe die Alb als eine wundersame blaue Mauer ausgestreckt. Nicht anders hatte er sich immer die schönen blauen Glasberge gedacht, dahinter, wie man ihm als Kind gesagt, soll der Königin Saba Schneckengärten liegen.*« Viele der Schwäbischen Alb vorgelagerte Berge laden mit sagenhaften Burgen und herrlicher Aussicht zu einem Besuch ein.

Die Landschaft des Schwäbischen Streuobstparadieses ist geteilt in drei Regionen, die kontrastreicher nicht sein können: das charmante Neckarland als üppige Kulturlandschaft mit Wein und Obst, das dem Albtrauf vorgelagerte Hügelland des Albvorlandes, in dem die Hänge von dichten Streuobstwiesen geprägt sind, und die raue Schwäbische Alb als größtes Karst- und Höhlengebiet Europas.

Sanft gewellte Hügelländer, die sich mit flachen Flussauen, steilen Rebhängen und fruchtbaren Hochflächen abwechseln, sind Kennzeichen für das Neckarland. Der Neckar durchfließt als dessen Lebensader einen großen Teil der Südwestdeutschen Schichtstufenlandschaft. Hier wechseln sich harte und weiche Gesteinsschichten ab und es entstehen unterschiedliche Stufen. Die Grundfläche ist die von tiefen Tälern zerschnittene Gäufläche, die mit den Muschelkalktälern die Gäulandschaft bildet. Sie ragen mit dem Heckengäu bei Herrenberg von Westen in das Streuobstparadies. In diese sanft wellige Gäufläche mit Höhenunterschieden unter 200 Metern schneiden die Flusstäler von Neckar, Enz und weiteren Flüssen in den Muschelkalk ein. Sie bilden weit ausgezogene Talschlingen mit scharfen Talkanten und steilen, oft felsigen Prallhängen.

Realteilung
Württemberg gehörte zu den Regionen, in denen Realteilung üblich war: Der Besitz wurde bei jedem Erbgang auf alle Erbberechtigten gleichmäßig verteilt. Damit wurde jeder Nachkomme – unabhängig vom Geschlecht – gleichgestellt. Die einzelnen Grundstücke wurden aber immer kleiner und oftmals war es nicht mehr möglich, damit die Familie zu versorgen. Deshalb gab es immer mehr Nebenerwerbslandwirte, die ihren Haupterwerb in der Industrie oder im Handwerk fanden.

Eine weitere in der Landschaft deutlich erkennbare Ebene bildet die Keuperstufe. Weiche Keupermergel wechseln sich mit harten Sandsteinschichten ab. Die Landschaft ist reicher zertalt und die Talkanten sind abgerundet. Dadurch wirkt sie weicher und milder. Die Flüsse bilden in den Mergelschichten breite Täler, in den Sandsteinschichten dagegen enge Schluchten. Auf Muschelkalk und Keupermergel gedeihen bis heute hervorragende Weine. Mit Rammert, Schönbuch und Glemswald beginnt das Keuperbergland.

Robert Gradmann beschreibt das Neckarland 1931 sehr treffend: »*Den Eindruck überschwänglicher Fruchtbarkeit, den der Fremde schon beim ersten Betreten des Neckarlandes empfängt, erwecken vor allem die wonnigen Obstwälder auf üppigem Wiesengrunde, wie sie alle Täler füllen und über Hügel und Halden sich breiten. Im Mai ist das ganze Neckarland ein blühender Garten.*« Und weiter: »*Es ist daher auch ein Land, das die Wanderlust weckt. Die Paarung des Strengen mit dem Zarten, des Herben mit dem Milden ist hier im Landschaftsbilde verwirklicht. Vorherrschend sind allerdings die Eindrücke des Traulichen, erquickend Heiteren und Anmutigen (...) Und dass es der Landschaft an Größe nicht fehle, dafür sorgt die Umrahmung durch hohe Waldberge und durch die Felsenhöhen der Alb. So fällt die Landschaft nirgends ins Flache, Unbedeutende.*«

Damit wird der Blick auf den zweiten Landschaftsraum des Streuobstparadieses gelenkt: das Vorland der Schwäbischen Alb.

Zwischen Keuper und braunem Jura liegt die Stufe des schwarzen Jura mit markanten Stufenkanten. Die ausgedehnten bis schwach geneigten Flächen des schwarzen Jura werden durch das Einwehen von Löß für intensiven Ackerbau genutzt. An sie grenzen weite Hänge auf Braunjura-Böden und prägen mit ihrem lieblichen Erscheinungsbild die Landschaft. Hier herrschen beste Voraussetzungen für das Gedeihen von großkronigen Obstbäumen. Für die landwirtschaftliche Intensivierung sind solche hängigen Regionen uninteressant, sodass sich die überwiegend extensiv bewirtschafteten Obstbaumwiesen bis heute erhalten haben. Sie erscheinen hier jedoch nicht wie zufällig in die Landschaft gestreut, sondern bilden im Kernbereich zwischen Lenninger- und Ermstal ausgedehnte Obstwälder, die ganze Hänge dicht an dicht säumen. Mit dem über dem Braunjura liegenden Weißen Jura werden die Streuobstwiesen durch Buchen- und Tannenwälder abgelöst. Damit haben wir die höchste Stufe des Schichtstufenlandes erreicht, die Schwäbische Alb. Wegen der rauen Klimaverhältnisse liegt der Kernbereich der Streuobstwiesen hier in klimatisch geschützten Bereichen des Biosphärengebiets Schwäbische Alb. Nicht ohne Grund heißt es, dass es auf der Alb »einen Kittel (hochdeutsch: Jacke) kälter« sei, man also eine zusätzliche Jacke benötigt, um nicht zu frieren. Die Höhenstufe der Schwäbischen Alb fungiert als klimatisches Hindernis und begünstigt den Steigungsregen, der für höhere Niederschlagsmengen entlang des Traufes sorgt.

Wenn Eduard Mörike von der Blauen Mauer spricht, so meint er die weithin sichtbare Höhenstufe der Schwäbischen Alb in der Landschaft, die sich von Südwest nach Nordost durch Baden-Württemberg zieht und als Albtrauf bekannt ist. Entlang dieser Kante laden aussichtsreiche Wanderwege wie die Traufgänge im Südwesten des Streuobstparadieses oder der Albsteig (HW1) zu genussvollen Wanderungen mit herrlicher

Fernsicht bis zum Schwarzwald und im Südwesten bis zu den Alpen ein. Die höchsten Berge über tausend Meter liegen um Balingen. Dies ist die »Region der zehn Tausender«.

Dem Albtrauf vorgelagert ziehen einige markante Berge, teils von berühmten Burgen oder Ruinen gekrönt, beinahe magisch das Auge an. Sie selbst sind herrliche Aussichtsberge und der Blick schweift über ausgedehnte Streuobstwiesen zu ihren Füßen bis zu den Höhen des Schwarzwaldes. Zu den bekanntesten zählen der Hohenzollern bei Hechingen, der Hohenneuffen bei Metzingen, der Teckberg bei Kirchheim und der Hohenstaufen bei Göppingen. Einige sind als Zeugenberge durch Taleinschnitte vom Albkörper getrennt wie Hohenzollern, Hohenstaufen und Achalm bei Reutlingen oder noch mit dem Albkörper verbunden wie Hohenneuffen, Teck und der Roßberg bei Gönningen. Andere sind erst durch den Vulkanismus entstanden und stehen heute als Tuffschlote da (Limburg bei Weilheim, Grafenberg und Jusi bei Kohlberg, Georgenberg bei Reutlingen oder der Metzinger Weinberg).

Die Regionen und ihre Früchte

Frische Blütentriebe am alten Birnbaum und reicher Lohn im Herbst (gegenüberliegende Seite).

Auf die Vielfalt kommt es an! Das gilt besonders für die schwäbischen Streuobstwiesen. Im Gegensatz zu Erwerbs-Obstanlagen, auf denen nur wenige unterschiedliche Sorten vorkommen, ist die Vielfalt an Arten und Sorten in Streuobstwiesen fast unüberschaubar. Leuchtend rotbackige Äpfel, gelbe Birnen, blaue Zwetschgen und rote Kirschen gedeihen zwischen braunen Walnüssen und gelben Quitten – ein wahrhaft fruchtiges Schlaraffenland. Dazu Mirabellen, Renekloden, Pflaumen und Wildobst wie Maulbeere, Speierling und Schlehe. Reife Früchte gibt es im Streuobstparadies von Juni mit den Kirschen bis Dezember, wenn die späten Äpfel und Birnen reifen, die ein ganz besonderes Aroma entwickeln.

Zu jeder Fruchtart gehören zudem unzählige Sorten, was die Vielfalt noch viel größer macht. Da ist für jeden Wunsch und Geschmack etwas dabei. Je nach Verwendung der Frucht sind ganz unterschiedliche Eigenschaften gefragt: Ein Tafelapfel muss gut schmecken, ein Mostapfel eine fruchtige Säure entwickeln, Dörrbirnen müssen um das Kernhaus teigig werden und Backzwetschgen sollten sich gut vom Stein lösen. Für jede Art der Verwertung gibt es eine große Auswahl an Sorten. Doch jede Fruchtart und jede Sorte hat individuelle Ansprüche an den Standort. Bis in die Fünfzigerjahre des vergangenen Jahrhunderts hatte jede Gemeinde Baumwarte angestellt, die genau wussten, welche Sorten am besten in die jeweilige Ortschaft passten. Deshalb hat jede Region im Schwäbischen Streuobstparadies ihre charakteristische Arten- und Sortenzusammensetzung. Diese große Vielfalt in den schwäbischen Obstwiesen ist einzigartig in Europa und ein wichtiges Reservoir der genetischen Vielfalt.

Der knackige Apfel

Schon in der Mythologie spielt der Apfel eine herausragende Rolle. Im irdischen Paradies soll Eva von der verbotenen Frucht – einem Apfel – gegessen und sie mit Adam geteilt haben. In den frühen Kulturen war der Apfel Symbol für Liebe, Fruchtbarkeit und ewige Jugend. Seine heilbringende Wirkung spiegelt sich bis heute in dem Satz: »An apple a day keeps the doctor away.«

Der Apfel ist die am weitesten verbreitete Frucht in Mitteleuropa. In Südtirol, am Bodensee, dem Alten Land bei Hamburg und in vielen weiteren Regionen ist er die alleinige Erwerbsgrundlage für unzählige Obstbauern. Doch die niederen Baumformen sind eine Errungenschaft der Nachkriegszeit. Zuvor war der Hochstamm Grundlage für den Broterwerb und Apfelbäume schon damals eine Gewinn bringende Einnahmequelle. Zu Beginn des 20. Jahrhunderts hatte Stuttgart den größten Mostobstmarkt Europas. Jeden Herbst wurden bis zu 3000 Waggonladungen Äpfel nach Europa und Übersee vermarktet.

Bis heute hat der Apfel auf den schwäbischen Streuobstwiesen mit etwa 55 Prozent den höchsten Anteil, tritt aber ganz überwiegend gemeinsam mit weiteren Fruchtarten auf. Mit weit über 2000 verschiedenen Sorten und malerischen Namen zeigt er auch die größte Vielfalt. Jede Gegend hat ihre eigenen Sorten. Im Streuobstparadies begegnen uns lokale Sortennamen wie »Böblinger Straßenapfel«, »Reutlinger Streifling«, »Giengener Luiken« und »Hohenzollernapfel«.

Der überwiegende Teil der Äpfel aus den Streuobstwiesen Baden-Württembergs wird zu Saft verarbeitet. 120 Keltereien übernehmen knapp die Hälfte davon, das sind jährlich etwa 350 000 Tonnen Obst, und stellen daraus etwa 250 Millionen Liter Saft her. Die Abfindungsbrennereien verarbeiten etwa 110 000 Tonnen und für den Rest stehen unzählige Dorfmostereien bereit. Hier darf jeder beim »Mosten« seines eigenen Obstes helfen und erhält den Saft aus den eigenen Früchten. Der Saft wird entweder in Fässer oder in Folienbeutel (Bag-in-Box) abgefüllt. Am besten schmecken die Säfte naturtrüb. Ein Hochgenuss sind sortenreine Säfte aus besonders aromareichen Sorten wie »Gewürzluiken«, »Goldparmäne« oder »Goldrenette Freiherr von Berlepsch«.

In den Brennereien wird der Apfel zu aromatischen Edeldestillaten verarbeitet. Besonders feine Aromen entwickeln die Sorten »Luikenapfel«, »Gravensteiner« und »Rheinischer Bohnapfel«.

In vielen regionalen Märkten sind heute Apfelringe und Apfelchips gefragte Snacks für zwischendurch. Mit einem Apfelschäler und einem Dörrgerät können sie ganz einfach in der eigenen Küche hergestellt werden. Kinder sind hier willkommene Helfer.

Apfelbäume können über hundert Jahre alt werden. In den schwäbischen Streuobstwiesen stehen besonders viele sechzig bis achtzig Jahre alte Bäume. Markante Exemplare erreichen eine Höhe von acht Metern, ihre Kronen sind dann oft über zehn Meter breit. Eine besondere Zierde ist der Apfel während der Blüte. Diese öffnet sich nach den Kirschen, Zwetschgen und Birnen und fasziniert durch ihre zartrosa Färbung.

»Berner Rosenäpfel« leuchten im Morgentau.

Die köstliche Birne

Als Königin der Früchte gilt die hochfeine, schmelzende Tafelbirne. Viele Birnensorten kamen aus dem benachbarten wärmeren Frankreich nach Süddeutschland. Diese gedeihen aber nur in mildem Klima. In den etwas raueren Lagen des Schwäbischen Streuobstparadieses werden sie ergänzt durch die robusteren und anspruchsloseren Mostbirnensorten. Deshalb kommen zu den hochfeinen Tafelbirnen »Williams Christ«, »Gute Luise«, »Köstliche aus Charneux« und »Gräfin von Paris« viele weniger wärmeliebende Wirtschaftssorten wie »Gelbmöstler«, »Champagner Bratbirne«

und »Palmischbirne«. Ein typischer schwäbischer Most enthält eine Mischung aus Mostäpfeln und Mostbirnen. Erst die richtige Sortenzusammensetzung macht den Most bekömmlich und harmonisch. Typische schwäbische Mostbirnensorten sind neben den oben genannten: »Kirchensaller Mostbirne«, »Karcherbirne« und »Wilde Eierbirne«. Heute können über die Keltereien nur noch begrenzte Mengen an Birnen verarbeitet werden, weil der Mostkonsum deutlich abgenommen hat. Häufig hat der Most an Ansehen verloren, weil er nicht immer mit der nötigen Sorgfalt hergestellt wurde. Inzwischen hat sich das Blatt wieder gewendet. Es werden zwar geringere Mengen an hauseigenem Most hergestellt, aber Fachwissen und Sorgfalt nehmen zu. Das Ergebnis sind herrlich erfrischende, fruchtige Getränke, die nach anstrengender Wanderung oder körperlicher Arbeit ideale Durstlöscher sind. Zum Most, dem naturreinen Getränk im eigenen Keller, gesellt sich der »Birnenwein«. Fachgerecht ausgebaut und in Flaschen gefüllt ist er der Wein des Streuobstparadieses. Herrlich prickelnde Getränke wie Birnenseccos oder Birnenschaumweine versüßen laue Sommernächte und festliche Anlässe.

Ein großer Teil der Wirtschaftsbirnen wird in den Brennereien verarbeitet. Birnendestillate zeichnen sich durch ein weiches, fruchtiges Aroma aus. Hervorragende sortenreine Destillate aus schwäbischen Streuobstwiesen ergeben die Sorten »Nägelesbirne«, »Palmischbirne«, »Fässlesbirne« und »Welsche Bratbirne«.

Doch was wären die schwäbischen Streuobstwiesen ohne »Hutzeln«? Hutzeln sind gedörrte Birnen, die ähnlich den Destillaten das typische Aroma in konzentrierter Form enthalten. Als es noch keine Kühlschränke gab, war das Dörren wichtig, um Früchte über den Winter aufbewahren zu können. Jeder Haushalt hatte in der Diele (hochdeutsch: Hausflur) eine Schnitztruhe stehen. Typische Namen von Dörrbirnensorten sind »Gelbe Wadelbirne«, »Speckbirne« und »Feigenbirne«. Unentbehrlich sind die Hutzeln bis heute für das schwäbische Hutzelbrot, welches an Advent und zur Weihnachtszeit mit Hochgenuss gegessen wird. Für Wanderer sind die

Birnenhutzeln und Hochprozentiges im Glas.

Hutzeln der ideale Snack: naturrein, herrliches Aroma, viele Ballaststoffe und wenig Gewicht.

Birnbäume können ein besonders hohes Alter erreichen. In den Streuobstwiesen stehen noch über hundertjährige Mostbirnbäume, die mit ihren prächtigen Kronen einen erhebenden Anblick bieten. Solche Bäume sind besonders markant und prägen die Land-

schaft. Ihre Kronen können eine Höhe von fünfzehn Metern entwickeln bei einer Breite von bis zu zehn Metern. Sie blühen nach den Kirschen und vor den Äpfeln. Die weißen Blüten haben rotbraune Staubfäden. Im Herbst zeigen viele Mostbirnsorten eine herrliche Laubfärbung von leuchtendem Gelb bis kräftigem Orangerot und sind eine Zierde in der Landschaft.

Die süße Kirsche

»Mit dem ist nicht gut Kirschen essen«, sagt ein Sprichwort und warnt vor schwierigen Menschen. Das zeigt, dass die Kirsche schon sehr lange heimisch ist. Süße Kirschen verlocken schon die Kinder zur erlaubten oder unerlaubten Ernte und die Steine werden mehr oder weniger weit ausgespuckt. Hierfür gibt es bereits internationale Wettbewerbe und der aktuelle Weltrekord liegt bei mehr als 30 Metern.

Im Streuobstparadies gedeihen viele unterschiedliche Kirschsorten. Knorpelkirschen sind die knackigen, saftigen Süßkirschen mit festem Fruchtfleisch, Herzkirschen haben ein weicheres Fruchtfleisch und Scheckenkirschen eine helle Fruchtschale mit rotem Bäckchen. Zu den Sauerkirschen zählen die Weichselkirschen. Geerntet werden Tafelkirschen in den Streuobstwiesen noch von Hand. Hierfür gibt es eigens hergestellte Körbe aus Kirschenrinde, die Omeln. Nur die Kirschen zur Weiterverarbeitung in der Brennerei

Frisch geerntete Knorpelkirschen warten auf den Verkauf.

oder der Konservenindustrie werden mit mechanischen Schüttlern geerntet. In den traditionellen Kirschenregionen um Neidlingen und im Ermstal sind heute noch Leitern mit mehr als 40 Sprossen, also einer Länge von mehr als zehn Metern, im Einsatz. Im Obstbaumuseum Glems bei Metzingen können solche Leitern und weitere Erntegeräte bewundert werden.

Die Zeit der Kirschblüte ist in Japan als Hanami (japanisch: Blüten betrachten) bekannt und ein großes gesellschaftliches Ereignis. Die Menschen suchen die herrlich blühenden Kirschbäume auf, um unter ihnen ein Picknick zu genießen. Daran hat das Schwäbische Streuobstparadies angeknüpft und feiert das Schwäbische Hanami mit vielen Obstblütenfesten von April bis Juni (siehe auch Seite 66 und 153).

Durchschnittlich ist nur jeder zwölfte Baum in den schwäbischen Streuobstwiesen ein Kirschbaum. In den Regionen um Esslingen am Neckar, Neidlingen und im Ermstal ist die Kirsche jedoch bis heute die vorherrschende Fruchtart. Sorten wie »Esslinger Schecken« oder »Ermstäler Knorpel« haben einen guten Namen. Zur Reifezeit säumen viele Stände die Straßen und laden zum Einkauf ein. Kirschen sind aber nicht nur zum Essen da, sie schmecken auch flüssig: Die Produkte reichen vom sortenreinen Likör aus »Ermstäler Knorpelkirsche« über Apfel-Kirschsaft und Kirschwasser bis zu alkoholfreien Cocktails. Bei etwa 15 Prozent der Kirschen handelt es sich um Sauerkirschen. Ihre Bäume bleiben deutlich kleiner. Die Früchte werden in Gläser eingekocht und sind als Kompott oder zur Herstellung von Schwarzwälder Kirschtorte äußerst begehrt.

Alte Kirschbäume sind eine besondere Zierde in der Landschaft. Sie öffnen ihre Blüten vor den anderen Fruchtarten, hüllen ganze Landschaften in ein Blütenmeer und läuten so den Frühling ein. Ein Picknick unter blühenden Kirschbäumen ist ein unvergessliches Erlebnis. Auch im Herbst, wenn ihre Blätter orangerot leuchten, geben Kirschbäume ein prächtiges Bild ab.

Die saftige Zwetschge

Wie wird die Zwetschge korrekt geschrieben? Die richtige Antwort lautet: je nach Herkunft. In Österreich »Zwetschke«, in nördlichen Regionen »Zwetsche« und in Baden-Württemberg »Zwetschge«. Sie unterscheidet sich von der Pflaume durch ihren länglichen, zugespitzten Stein. Mit annähernd 20 Prozent hat sie einen gewichtigen Anteil an den Bäumen im Streuobstparadies, wird aber nur wenig wahrgenommen. Nur in der Region um Herrenberg, dem so genannten »Zwetschgengäu«, ist sie die vorherrschende Frucht und hat bis heute einen bedeutenden Marktwert als Frischobst. In den übrigen Regionen fristet sie zu Unrecht ein Schattendasein. Große Mengen werden in den Brennereien veredelt oder zu Apfel-Zwetschgensaft verarbeitet. Im Herbst darf auf keinem schwäbischen Kaffeetisch ein ofenfrischer Zwetschgenkuchen vom Blech mit Streuseln fehlen, veredelt mit einer Sahnehaube.

Zwetschgen aus dem Zwetschgengäu bei Herrenberg werden bis nach Hamburg exportiert.

Die Bäume können mit der landschaftsprägenden Erscheinung von Birn-, Kirsch- oder Apfelbäumen nicht mithalten; ihr Reiz erscheint erst auf den zweiten Blick. Während der Blütezeit leuchten die weißen Blüten von weitem und im Herbst sind die mit blauen Früchten dicht an dicht besetzten Zweige ein wohltuender farblicher Kontrast.

Die Zwetschge gehört zur Gruppe der pflaumenartigen Früchte. Dazu zählen neben den Pflaumen noch Mirabelle und Reneklode, aber auch Wildformen wie Kirschpflaume, Ammelbeere, Ziparte (Zibärtle) und Kriechele. Auch diese Fruchtarten finden wir in schwäbischen Streuobstwiesen, wenn auch nur vereinzelt und regional begrenzt.

Die Morgensonne bricht durch einen Zwetschgenhain an einer Böschung.

Junge grüne Walnüsse liefern Gerbstoffe für den Likör. Gegenüberliegende Seite: In der harten Schale verbirgt sich die reife Frucht.

 Die kernige Walnuss

Die Walnuss ist wärmeliebend und ihr junger Austrieb sehr frostanfällig. Deshalb sind größere Walnusspflanzungen bevorzugt an Nordhängen zu finden, denn dort entwickelt sich der Trieb später. Als Haus- oder Schattenbaum eignen sich Walnüsse besonders gut. Mit ihren großen Blättern und dem dichten Laubdach halten sie die Hitze, aber auch ungeliebte Mücken fern.

Walnüsse haben einen besonders hohen gesundheitlichen Wert, weil sie doppelt ungesättigte Fettsäuren enthalten. Diese hemmen unter anderem das Tumorwachstum. Aus Walnüssen kann ein besonders wertvolles und aromatisches Öl hergestellt werden, das alle gesundheitlichen Vorzüge enthält. Walnüsse sind in der Weihnachtsbäckerei besonders beliebt.

Das Holz des Walnussbaums ist außerordentlich hart und deshalb für Gewehrschäfte, Griffschalen für Messer und für die Möbelindustrie gesucht.

♪ Die duftige Quitte

Ihr gebührt eine besondere Stellung unter den Obstarten, denn sie ist hart und gerbstoffreich, kann also nicht frisch verspeist werden. Erst mit der Verarbeitung können aus ihr ganz besonders schmackhafte Produkte hergestellt werden, denn Quitten strömen ein intensives und charakteristisches Aroma aus.

In Portugal gilt das Quittengelee seit dem Mittelalter als Delikatesse. Dort heißt die Quitte »marmelo« und das Gelee daraus folgerichtig »marmelada« – die Marmelade war geboren!

Quitten sind leider selten geworden, seit der Feuerbrand – eine Bakterienkrankheit – ihre Bäume befällt. An den Hängen des Hirschauer Bergs bei Tübingen und weiteren warmen Bereichen haben sich bis heute viele Quitten gehalten.

Quittenbäume blühen erst nach den Äpfeln. Ihre großen, zartrosa gefärbten Blüten stehen einzeln. Die Früchte werden in apfel- und birnenförmige Quitten unterteilt.

Schon im Korb verbreiten Quitten einen betörenden Duft – und schmecken als Gelee einzigartig!

Obstkultur im Streuobstparadies

Der Lebensraum, die Landschaft und die damit verbundenen Eigenschaften prägen die Lebensweise und den Charakter der Menschen. Wo auf guten Böden bei warmem Klima alles fast wie von selbst gedeiht, lässt es sich gut leben und lustig sein. Der Alltag spielt sich im Freien ab und die Geselligkeit ist Trumpf. Anders dagegen in rauen Gegenden, wo der Boden mühsam von Steinen befreit werden muss, um etwas anbauen zu können, und kühle Temperaturen herrschen, sodass erst ein wärmender Ofen Behaglichkeit ausstrahlt. Da ist es nicht verwunderlich, wenn die Bewohner etwas verschlossener sind und mit ihren Erzeugnissen sparsam umgehen.

In Regionen, die von Obstbäumen geprägt sind, haben die Menschen keinen Grund zur Sorge, weil die Früchte als Grundlage für allerlei feine und gesunde Getränke dienen.

Mit der Kultur von Obstbäumen sind aber auch verschiedene Handwerksberufe verbunden, die willkommene Einkommensquellen waren und mitunter bis heute noch sind. So manches Handwerk, das lange in Vergessenheit geraten war, findet heute wieder neue Begeisterung.

Schwäbischer Most perlt ins Glas. Gegenüberliegende Seite: Für die Kinder ist die Birnenernte mit den Großeltern ein Heidenspaß.

🦢 Die Mosterei

Obstwiesen und Mostereien gehören zusammen wie Weinstöcke und Keltern. Überall dort, wo es für Weintrauben zu kalt war, trat der Most an seine Stelle. Seit es Obstbäume gibt, wird aus dem Obst Saft hergestellt, der dann zu Most vergoren wird. Der Most ist eines der ältesten Getränke unserer Kultur. Schon die Germanen kelterten aus den herben Wildäpfeln einen Saft, den sie Lit nannten. Der dürfte aber noch sehr herb und nur mit Wasser verdünnt genießbar gewesen sein. Mit den Römern kam die Kunst des Veredelns nach Süddeutschland und die Qualität der Obstsorten verbesserte sich.

Natürlich hat sich auch die Technik im Laufe der Zeit verändert. Alte Rundpressen, von einem Ochsen angetrieben, wurden ab Beginn des vorigen Jahrhunderts von Packpressen abgelöst. Sie hatten eine bessere Ausbeute und erleichterten die Arbeit. Aus 50 Kilogramm Obst können mit Packpressen etwa 35 Liter Saft gewonnen werden. Diese Packpressen haben sich bis heute gehalten und prägen das traditionelle Flair einer Mosterei. Inzwischen werden aber immer mehr Betriebe modernisiert und die Packpressen durch Bandpressen ersetzt. Sie lassen sich von einer Person bedienen und erfordern weniger Aufwand zur Reinigung. Der Saft hat allerdings einen höheren Trubanteil, der vor dem Abfüllen entfernt werden muss.

Der Mostkonsum eines Haushaltes hat sich im Laufe der Zeit deutlich verändert. Noch zur Mitte des vergangenen Jahrhunderts war der Verbrauch von zwei bis dreitausend Liter pro Haushalt und Jahr keine Seltenheit. Bier war zu teuer und Wein nur den »feineren Leuten« vorbehalten. Mit dem Wirtschaftswunder übernahm das Bier immer mehr die Rolle des Mostes und die Mengen gingen zurück.

Inzwischen hat sich das Blatt wieder gewendet. Es wird zwar nach wie vor weniger Most als Bier konsumiert, aber das Interesse an der Herstellung eines guten eigenen Saftes oder Mostes steigt. Heute wird der überwiegende Teil des Saftes bereits in der Mosterei erhitzt

Der frisch gepresste Saft verlockt zum Probieren – und lässt sich zu Hause bequem in Folienbeuteln lagern.

und unvergoren in doppelwandige Folienbeutel (Bag-in-Box) abgefüllt. Viele junge Familien entdecken den Geschmack des eigenen Saftes und lesen ihr Obst gerne auf, um es zur Mosterei zu bringen. Da helfen dann alle Generationen zusammen. Bei einem »Schwätzle« werden in der Mosterei Erfahrungen über die Obstsor-

ten und deren Qualität ausgetauscht. Der erste Schluck des frisch gepressten eigenen Saftes gehört natürlich den Kindern. In einen Karton gefüllt können die Beutel im Kofferraum nach Hause transportiert werden. Das gesamte Jahr über gibt es nun einen leckeren Saft aus eigenen Äpfeln.

Der schwäbische Most

Vergorener Apfelsaft findet in jeder Region eine eigene Bezeichnung: In Hessen wird Apfelwein, »Äppelwoi« oder das »Stöffche«, getrunken, im Saarland der Viez, in Frankreich der Cidre, in England Cider – und die Schwaben trinken Most. Aus dem eigenen Keller frisch gezapft, ist er ein beliebter Durstlöscher und idealer Begleiter des Vespers. Der typische schwäbische Most wird aus einer Mischung von verschiedenen Äpfeln und Birnen hergestellt. Das beste Fruchtaroma ergeben feinsäuerliche Apfelsorten wie »Rheinischer Bohnapfel«, »Boiken« oder »Roter Trierer Weinapfel« und die Mostbirnsorten »Schweizer Wasserbirne«, »Gelbmöstler« und »Oberösterreicher Weinbirne«. Aber auch unzählige weitere Sorten können »gemostet« werden. Zur Klärung werden säurereiche Apfelsorten oder kleine Mengen gerbstoffreicher Mostbirnen sowie Quitten eingesetzt. Unerlässlich ist der Zusatz von Reinzuchthefe, um eine reintönige Gärung und einen durchgängigen Gärverlauf zu erhalten.

Jede Region hat ihre charakteristischen Obstsorten und somit schmeckt jeder Most anders. Da entwickelt sich schnell ein kleiner Wettbewerb, wer wohl den besten Most im Keller hat. Im Frühjahr werden diese Wettbewerbe nicht nur in der eigenen Stube, sondern öffentlich ausgetragen. Bei Mostproben und Mostseminaren können die unterschiedlichen Erzeugnisse verkostet und ähnlich den Weinprämierungen nach fachlichen Kriterien beurteilt werden. Dazu gibt es Tipps zur richtigen Mostherstellung. Der schwäbische Most fördert die Geselligkeit. Deshalb geht es an solchen Abenden im Zeichen des Mostes auch sehr heiter zu und nicht selten treten die Teilnehmer singend den Heimweg an.

Verschnaufpause nach dem Auflesen der »Oberösterreicher Weinbirnen«.

🦢 Die Küferei

Der in der Mosterei frisch gepresste Saft wird in den Keller gebracht und dort traditionell in Fässern gelagert. Jetzt kommt das Handwerk des Küfers zum Zug. In den von Küfern hergestellten Fässern lagern nicht nur Wein, sondern auch Most und Branntwein. Erst mit der Entwicklung des Plastikfasses für den Haushalt und der Edelstahlfässer für Betriebe sind die Holzfässer in den Hintergrund geraten. Seit einigen Jahren erlebt der Beruf des Küfers jedoch wieder eine Renaissance. Edelbrände werden vermehrt im Eichenfass gelagert, um ein ausgewogen rauchiges Aroma zu erhalten. Aber auch immer mehr Mostliebhaber kommen wieder zurück auf die klassische Lagerung im Holzfass. Dies benötigt zwar etwas Fachwissen und eine gute Pflege, rundet das fruchtige Aroma des Mostes aber aufs Beste ab.

Für die Qualität des Fasses ist das verwendete Holz entscheidend. Es wird fast ausschließlich aus Eichenholz gefertigt, teils aber auch aus Akazien- oder Kastanienholz. Das Rundholz wird in so genannte Dauben (Längshölzer) gespalten und zum Trocknen an der Luft gelagert. Pro Zentimeter Holzdicke sind ein bis zwei Jahre Lagerdauer notwendig, bevor das Holz verarbeitet werden kann. Nach der Lagerung wird das Holz zugesägt, geschliffen und zusammengesetzt. Die Dauben werden in einem eisernen Faßreifen nebeneinander gereiht und mit Hammer und Setze fixiert. Dann wird im Innern des Ringes ein Feuer entfacht, bis das Holz die gewünschte Temperatur erreicht hat. Durch Befeuchten des Holzes von außen lässt es sich langsam biegen. Dies ist die eigentliche Kunst des Küfers, denn sie verlangt viel Übung und Erfahrung. Die Dauben werden mit einer Spannvorrichtung gebogen und die Fassreifen einer nach dem anderen angebracht. Mit dem Endhobel müssen die Dauben noch auf die gleiche Länge ausgeglichen werden, bevor der Boden eingebunden wird. Nun ist das Fass »beieinander«.

Entscheidend für das spätere Aroma ist das Ausbrennen des neuen Fasses. Dadurch werden verschiedene Stoffe wie Phenole, aromatische Aldehyde und Furanderivate frei und können in die gelagerte Flüssigkeit gelangen, was zu den gewünschten Farb- und Geschmacksveränderungen führt. Soll dies verhindert werden, wird das Fass nicht ausgebrannt, sondern »ausgelaugt«. Dabei wird Dampf in das Fass geleitet, das anschließend verschlossen wird. Das bei der Abkühlung entstehende Vakuum zieht die Restflüssigkeit aus den Poren der Innenflächen.

Meisterliche Arbeit: Ein frisches Eichenfass wartet auf seine Fertigstellung.

Gespräch mit Hermann und Matthias Streib

Küferei, Mosterei und Brennerei in Mössingen

Seit wann besteht Ihr Betrieb und welcher der Zweige war zuerst da?
Hermann Streib: »Mein Großvater hat die Küferei 1920 gegründet, 1953 eröffnete mein Vater zusätzlich die ›Moste‹ und 1966 die Brennerei. Ich bin Jahrgang 1954, mein Sohn Matthias (Jahrgang 1992) arbeitet jetzt zusammen mit mir im Betrieb und so besteht der Familienbetrieb jetzt in der vierten Generation.«

War es eine Frage, ob man den Betrieb übernimmt oder war das selbstverständlich?
Matthias Streib: »Jeder hat mal andere Vorstellungen gehabt, der eine wollte dies werden, der andere das, aber am Schluss hat jeder richtig entschieden.«

Wo haben Sie gelernt?
Hermann Streib: »Ich habe beim Vater im Betrieb gelernt, Matthias in Bad Dürkheim in der Pfalz.«

Matthias, wo liegt Ihr Schwerpunkt?
Matthias Streib: »Je größer, je lieber. Das größte Fass, an dem ich bisher mitarbeiten durfte, fasst 10 000 Liter.«
Hermann Streib: »Den kleinen ›Gruscht‹, den macht der Senior.« (grinst)

Welches Holz benutzen Sie und woher beziehen Sie es?
Matthias Streib: »Die Fässer werden aus heimischem Eichenholz gefertigt, die Stämme kaufen wir selbst ein.«

Wie sehen Sie die Entwicklung der Küferei?
Hermann Streib: »Die Nachfrage nach Holzfässern steigt, nachdem wir in den 80er- und 90er-Jahren ein deutliches Loch spürten. Allerdings hatte ich, solange ich den Betrieb allein führte, immer so viele Bestellungen, wie ich allein bewältigen konnte. Dadurch, dass Küferei, Mosterei und Brennerei ein Betrieb sind,

konnten ruhigere Zeiten in der Küferei gut aufgefangen werden.«

Wohin liefern Sie schwerpunktmäßig?
Matthias Streib: »Der Großteil der Fässer kommt in den Rotweinsektor, aber auch im Obstbau wird das Holzfass wieder mehr eingesetzt. Vorletztes Jahr wurden auffallend viele Fässer für diesen Bereich bestellt und ebenso auffallend war, dass viele junge Familienväter unter den Käufern waren. Also nicht nur die klassischen Mosttrinker mit 60 Jahren auf dem ›Trecker‹.«

🐌 Die Baumschule

Waren es in den Ortschaften die Lehrer und Pfarrer, die in kleinen Baumschulen Obstbäume anzogen, so gab es ab 1774 unter dem württembergischen Herzog Karl Eugen die erste große Baumschule bei Schloss Solitude. Sie stand unter der Leitung von Johann Caspar Schiller, Vater des Dichters Friedrich Schiller. Etwa zur gleichen Zeit entstand auf der Domäne Einsiedel bei Tübingen eine zweite Baumschule, an die heute noch die Mostbirne »Wildling von Einsiedel« erinnert. 1804 begann eine weitere herzogliche Baumschule bei Schloss Hohenheim nahe Stuttgart damit, Obstbäume zu vermehren. Die Bäume aus diesen Baumschulen waren die Grundlage für unsere heutigen Streuobstwiesen. Und schon damals war die Vielfalt der angebauten Sorten immens: Wilhelm Walker, Gärtner der Königlich-Württembergischen Obstbaumschule in Hohenheim, beschrieb 1823 allein 276 Apfel- und 266 Birnensorten, die dort vermehrt wurden.

Nachdem der Obstbau im gesamten Land verbreitet war, zogen sich die herzoglichen Baumschulen immer mehr zurück und private Betriebe entstanden. Gute Böden an klimatisch günstigen Standorten waren die Voraussetzung für die Vermehrung von Obstbäumen. Durch seine günstigen Bodenverhältnisse entwickelte sich Weilheim an der Teck zu einem Zentrum der Baumschulen im heutigen Streuobstparadies. Aber auch in vielen anderen Orten haben sich regionale Baumschulen angesiedelt. Mit ihrem großen Sortiment an geeigneten Obstsorten für die jeweilige Region sind sie wichtige Partner für die Besitzer von Obstwiesen und Voraussetzung für gut gedeihende Jungbäume. Einige Betriebe haben sich zusätzlich auf die Anzucht von Lokalsorten spezialisiert.

Scharfes und gepflegtes Werkzeug des Öschinger Baumwartes Hans Klett. Gegenüberliegende Seite: Baumschuler Anton Karle vor seinen jungen Obstbäumen.

🍐 Der Baumwart

Ist der Baumwart ein »Wächter der Bäume«, wie es der Name vermuten lässt? Weit gefehlt! Seine fachkundige Hand ist unerlässlich, um aus den jungen Bäumen die stattlichen Baumriesen zu erziehen, die die große Last der vielen Früchte tragen können, ohne auseinanderzubrechen. Ein alter Apfelbaum muss bis zu einer halben Tonne, ein ausgewachsener Birnbaum sogar über eine Tonne Früchte tragen können!

Die Ausbildung von Baumwarten begann dort, wo heute eine Hochschule für Agrarwissenschaften liegt: in Hohenheim bei Stuttgart. 1837 bildete der berühmte Pomologe Eduard Lucas die ersten Baumwarte aus. Diese anerkannte Ausbildung dauerte den gesamten Winter, dazu kamen Ausbildungsteile während des Sommers. Ab 1860 verlagerte er die Ausbildung nach Reutlingen in das von ihm gegründete Pomologische Institut. Tausende von Baumwarten erhielten in der »Pomologie« ihre Ausbildung, um dann von den Gemeinden

angestellt zu werden. Zu ihren Aufgaben gehörte das Betreiben einer eigenen Baumschule, aber vor allem die Pflege der vielen Obstbäume auf der Feldflur. Diesen pflegenden Händen sind die heutigen prächtigen Streuobstwiesen zu verdanken.

Auf der Fläche der Reutlinger »Pomologie« entstand in den Achtzigerjahren des vergangenen Jahrhunderts ein Erholungspark, der bis heute zu Spaziergängen inmitten von Obstbäumen einlädt.

Mit der Neuorientierung des Obstbaus in den Sechzigerjahren des vergangenen Jahrhunderts versiegte das Baumwartwesen. Die Pflege der hochstämmigen Obstbäume war unwirtschaftlich und mühsam geworden. Die Bäume drohten zu verwahrlosen. Gerade noch rechtzeitig kam hier die Initiative des Landesverbandes der Obst- und Gartenbauvereine in Baden-Württemberg (LOGL). In einem 100-stündigen Kurs werden seit 1998 »Fachwarte für Obst und Garten« ausgebildet, die heute die Aufgaben der früheren Baumwarte übernehmen. Mit mehr als 4000 ausgebildeten Fachwarten gibt es im Streuobstparadies und darüber hinaus heute viele begeisterte Pflegerinnen und Pfleger der Obstbäume, die sich für den Erhalt der Streuobstwiesen engagieren. Darunter immer mehr Frauen und Jugendliche!

Schnittkurse erfreuen sich wachsender Beliebtheit; hier vermittelt der Autor, was beim Sommerschnitt beachtet werden muss.

Die Brennerei

Baden-Württemberg ist das Land der Kleinbrenner. Die überwiegende Zahl der 29 000 Kleinbrenner Deutschlands ist in Baden-Württemberg zu Hause. Sie sind für den Erhalt der Streuobstwiesen von entscheidender Bedeutung, verarbeiten sie doch etwa ein Viertel des Obstes zu Industriealkohol oder edlen Spirituosen.

Viele Bewirtschafter von Obstwiesen zählen sich zu den so genannten Stoffbesitzern. Diese haben zwar kein eigenes Brenngerät, können aber das selbst geerntete Obst einmaischen (in ein Fass geben, zerkleinern und gären lassen) und bei einer Brennerei abliefern. Den daraus gewonnenen Alkohol können sie dann entweder selbst übernehmen oder – zumindest noch bis Ende 2017 – der Bundesmonopolverwaltung zu einem festgelegten Abnahmepreis übergeben.

Im Winter rauchen die Kamine der Brennereiküchen. Wer einen der blitzenden modernen Kupferkessel mit Glockenböden und Rührwerk sieht und die alkoholgeschwängerte warme Luft der Brennerei einatmet, kann sich der Faszination dieser Technik kaum entziehen.

Es ist schon eine besondere Kunst, die Aromen der Früchte aus den Streuobstwiesen über die Brennerei in einem Destillat zu konservieren. Und die Aromen können sehr vielfältig sein: von der feinfruchtigen Birne, der steinelnden Kirsche und Zwetschge und dem kantigen Apfel bis zur duftenden Quitte. Der Kunst des Brenners ist es zu verdanken, dass aus reifen Früchten und kundiger Führung des Brennvorgangs ein Destillat entsteht, in dem die charakteristischen Aromen der jeweiligen Obstsorte im Alkohol konserviert erhalten bleiben. Nur das Herzstück des Brandes wird verwendet. Aus einem bauchigen Glas in kleinen Mengen genossen, umschmeichelt es den Gaumen mit seinem Aroma. Die Destillerien und Brennereien im Streuobstparadies führen eine große Auswahl unterschiedlichster Fruchtarten und Sorten in ihrem Programm und veranschaulichen damit nicht zuletzt die Vielfalt in den Streuobstwiesen.

Die Schaugläser gewähren einen faszinierenden Blick in die brodelnde Flüssigkeit, und in der Brennerei duftet es verführerisch. Gegenüberliegende Seite: Das ehemalige Whiskyfass gibt dem Brand eine besondere Note.

MB
Manufaktur Broch

Sorte

Kirsch

20.9.13 ins Fass
Ernte

2009	Destilliert
	2009

190 l	57 %vol	108,3 LA

Manufaktur Broch
Rainer Broch
Albstraße 12
72181 Starzach-Wachendorf

SERIAL NO
AVEN HUB
ILLERIES, INC
ON WHISKEY

11 0 25

Die Imkerei

Schon seit eh und je sind der Obstbau und die Imkerei eng miteinander verbunden. Es ist nachgewiesen, dass die Bestäubungsleistung der Honigbiene maßgeblich für die Höhe des Obstertrages verantwortlich ist. Der Nektar von Obstbäumen ist bevorzugte Nahrung für Bienen und damit Honiglieferant für den Imker. Da die Honigbienen im Gegensatz zu den meist solitären Wildbienen als Volk überwintern, sind sie zur Blütezeit bereits in großer Zahl vorhanden. Hummeln und Wildbienen sind wichtige Bestäuber bei kühler und feuchter Witterung, denn dann bleiben die Honigbienen im Stock. Um eine gute Bestäubungsleistung zu erhalten, sind mindestens zwei Völker pro Hektar

Obstfläche notwendig. Bienen und Hummeln können den Zuckergehalt des Nektars und damit gute von schlechten Trachtpflanzen unterscheiden. Er steigt von Birne (durchschnittlich zirka 12 Prozent) über Apfel (durchschnittlich 21 Prozent) und Süßkirsche (durchschnittlich 35 Prozent) bis zum Raps (durchschnittlich 55 Prozent) an. Trifft die Raps- oder Löwenzahnblüte mit der Obstblüte zusammen, so leidet darunter vor allem die Bestäubungsleistung bei Birnen, weil deren Blüten für die Bienen relativ unattraktiv sind. Die tägliche Nektarmenge einer Apfelblüte liegt je nach den örtlichen Verhältnissen bei 2 bis 6 Milligramm. Bei einer Million Blüten pro Baum und einer Blühdauer von zehn Tagen kann ein Baum bis zu 60 Kilo Nektar und 12 Kilo Honig liefern – eine beträchtliche Menge!

Vor dem Ausschleudern werden die Waben mit der Gabel entdeckelt. Gegenüberliegende Seite: Die Imkerin bei der Beutenkontrolle.

EINE LANDSCHAFT IM
JAHRESZEITLICHEN WANDEL

Bizarre Schneelandschaft und blubbernde Keller

Die Herbststürme sind vorüber und Laub bedeckt das Gras unter den Obstbäumen. Oft kommen die ersten Vorboten des Winters als Schneeflocken bereits im Oktober und beschleunigen den Laubfall. Späte Sorten wie »Bittenfelder Sämling« oder »Oberösterreicher Weinbirne« erhalten dann vom ersten Schnee eine weiße Haube, bevor sie geerntet und verarbeitet werden. Doch dieser erste Schnee ist meist nicht von Dauer und schmilzt schnell wieder. Der Obstbaum hat mit dem Laubfall seine Speicherstoffe in Ästen und Wurzeln eingelagert und ist für den Winter vorbereitet. Während der winterlichen Saftruhe kann er sich vom kräftezehrenden Reifen der Früchte erholen.

Doch diese vorwinterliche Ruhe trügt. In den Kellern arbeitet jetzt der Saft und lässt den durch die Gärung entstehenden Sauerstoff mit kräftigem Blubbern über den Gärspund entweichen. Noch dauert es einige Wochen, bis etwa um Weihnachten der Saft zu Most vergoren ist. Dann kann der erste Krug gefüllt und genüsslich gekostet werden.

Zu den unentbehrlichen Genüssen während der Adventszeit gehört das schwäbische Hutzelbrot. Es enthält getrocknete Birnen, Zwetschgen und Weintrauben, die die ganze Wohnung mit einem herrlich fruchtigen Aroma erfüllen. Im Advent wird dieser Duft von weihnachtlicher Bäckerei abgelöst. Walnüsse werden am

Wenn der Boden gefroren ist, freut sich das Amselweibchen auch über hängen gebliebene Zieräpfel. Gegenüberliegende Seite: Auch im Winter verlocken die Streuobstwiesen zu einem Spaziergang.

wärmenden Ofen geknackt und für die Weihnachtsbäckerei vorbereitet.

🎵 Baumkronen in Schneelandschaften

Der Schnee verwandelt die farbenprächtige Streuobstlandschaft in ein einheitliches Weiß: Jetzt heben sich die mächtigen Baumkronen mit ihren unverwechselbaren Formen kontrastreich voneinander ab. Denn nun lassen sich die breit ausladenden Kronen der Apfelbäume und die hoch aufsteigenden Kronen der Birnbäume gut unterscheiden. Ein geübtes Auge kann anhand des Wuchscharakters und der Verzweigung der Äste Rückschlüsse auf die Obstsorte ziehen. Besonders markant sind die Birnbäume der Sorten »Palmischbirne«, »Schweizer Wasserbirne« und »Oberösterreicher Weinbirne«. Kronen mit hängenden Ästen bilden die Apfelsorten »Jakob Fischer«, »Luikenapfel« und »Spätblühender Taffetapfel«, wohingegen die Sorten »Champagner Renette« und »Goldparmäne« an geraden, kurzen und kompakten Seitentrieben erkennbar sind.

Auf einer Winterwanderung durch die Streuobstwiesen kann noch mehr entdeckt werden. Vögel erfreuen sich an den letzten Früchten, die noch am Boden liegen, und hinterlassen interessante Spuren. Jetzt wird die Streuobstwiese für Kinder besonders spannend: Im Schnee können Tierspuren erfasst und identifiziert werden. Auf manche Tiere, die in freier Wildbahn nur selten gesichtet werden, weisen Schneespuren hin. Mit etwas Glück lässt sich noch mehr erkunden: Der Abstand der Spuren verrät die Geschwindigkeit des Tieres, das Gewölle die Ernährung des Vogels, Haare oder Federn zeugen von Beutekämpfen.

🎵 Baumschnitt stabilisiert die Krone

Ist der Schnee nass und schwer, kann er für die Baumkronen zur ernsthaften Gefahr werden. Ungepflegte Bäume drohen auseinanderzubrechen und ausgebrochene Äste hinterlassen große Wunden. Um Obstbäumen ein stabiles

Gerüst zu geben, werden die Baumkronen in regelmäßigen Abständen geschnitten. Während der Jugendphase – also in den ersten zehn Jahren – ist ein jährlicher Schnitt notwendig. Später können die Abstände auf fünf, im höheren Alter auf zehn Jahre verteilt werden.

Im laublosen Zustand ist eine gute Übersicht über die Krone möglich und die richtigen Schnittstellen können leicht festgelegt werden. Mit Leitern, Sägen und Scheren ausgerüstet, beginnt jetzt mit dem Baumschnitt eine besonders arbeitsintensive Zeit. Es bedarf eines gründlichen Fachwissens und viel Übung, um die notwendigen Schnitte richtig anzusetzen. Unter Fachleuten entstehen nicht selten heftige Diskussionen

über die »richtige« Schnittführung und es heißt: »Zehn Baumwarte, elf Meinungen!« Hier helfen Schnittkurse, die an unzähligen Orten im gesamten Streuobstparadies angeboten werden. Der fachgerechte Schnitt erhöht die Stabilität des Baumes und verbessert die Fruchtqualität. Ganz nebenbei verringert sich damit auch die Gefahr von Krankheitsbefall.

Das Schnittgut wird entweder maschinell geschreddert und anschließend thermisch verwertet oder von Hand zersägt und in Bündeln – so genannten Büschele – gebunden und zuerst am Stamm, dann in der Scheune gelagert. Im nächsten Winter ist es willkommenes Brennholz.

Was nach der Obsternte liegen geblieben ist, erfreut im Winter die Schafe.

Gespräch mit Harald Immig
Liedpoet und Maler aus Hohenstaufen

Was bindet Sie an die Streuobstlandschaft – was verbinden Sie mit ihr?
»Streuobstwiesen sind für mich in allen Jahreszeiten Orte des Wohlfühlens. Besondere Freunde sind für mich alte Apfelbäume, die ich immer wieder male und beschreibe, besonders der Apfelblütenduft ist für mich Kindheit und Heimat. Eines meiner bekanntesten Lieder beschreibt den Apfelblütenduft (›Empfinden behüten‹).«

Sie sind in der Nähe der Stauferberge geboren und schon viel unterwegs gewesen. Was bringt Sie immer wieder zurück?

»Ich komme ja vom Hohenstaufen und bin dort geboren und aufgewachsen. Ich brauche die Landschaft mit ihrer Weite und den Stimmungen einfach zum Leben und zum Kreativsein, es ist ein Teil meiner selbst und wenn die Leute sagen: ›Der Hohenstaufen und Harald Immig sind ein Ganzes‹, so haben sie es getroffen.«

Was geben Sie Ihrer Heimat? Zum Beispiel in Ihren Bildern, Gedichten, Liedern ...
»Ich gebe den Menschen ihr Empfinden und die Freude für ihre Heimat zurück, auch so, dass sie darauf stolz sind und sie schützen. Viele meiner Bilder gehen auch nach Übersee und tragen die Heimat dorthin. Ein Teil der Lieder sind auch zur Geschichte der Staufer geschrieben und wecken wieder ein Bewusstsein dafür.«

Blütenrausch und trillernde Vögel

Sobald die Sonne wärmer wird und die Kälte langsam weicht, künden die sich öffnenden Blüten von Schneeglöckchen, Haselnuss und Weide den Frühling an. Die Natur erwacht aus ihrem Winterschlaf und streckt ihre ersten Knospen. Vor uns steht die wundervolle Frühlingszeit. Jetzt erwacht das Gärtnerherz und die erste Wärme lockt nach draußen. Die letzten Obstbäume werden noch geschnitten, bevor sich auch dort die Blütenknospen entfalten.

Den Obstbäumen voraus kommen die Schlehen, die in Hecken am Rande der Obstwiesen ihre feinen weißen Blüten öffnen und von den Bienen gerne besucht werden. Schon wenige Tage später – es ist inzwischen Mitte April – folgen die Kirschbäume. Ihre prächtige Blüte in reinem Weiß hüllt das gesamte Streuobstparadies in einen Rausch von Düften. Ein Picknick unter blühenden Kirschbäumen ist ein besonders eindrückliches Naturerlebnis. Zum Duft der Kirschblüten gesellt sich das emsige Summen der Bienen, die Nektar sammelnd von Blüte zu Blüte fliegen und so ganz nebenbei mit der Bestäubung die Voraussetzung für eine gute Ernte legen. In Japan ist es eine jahrhundertealte Tradition, im Frühjahr mit dem Kirschblütenfest – dem Hanami (japanisch: Blüten betrachten) – die Schönheit der blühenden Kirschbäume zu feiern. Diesen schönen Brauch hat der Verein Schwäbisches Streuobstparadies aufgegriffen und feiert mit dem »Schwäbischen Hanami« die Blüte von Millionen Obstbäumen. Von Mitte April bis Anfang Juni finden unzählige Obstblütenfeste und -wanderungen statt, die in einem übersichtlichen Flyer (www.streuobstparadies.de) zusammengestellt sind.

Obstblüten im Wonnemonat Mai

Nach dem ersten Blütenrausch der Kirschbäume folgen im Laufe mehrerer Wochen die weiteren Fruchtarten. Fast zeitgleich mit der Kirsche öffnen sich die Blüten der Zwetschgenbäume, gefolgt von den Birnen. In Birnenblüten fallen die rotbraun gefärbten Staubbeutel

Die prächtige Kirschenblüte schmeichelt der Nase mit feinstem Blütenduft und erfreut auch fleißige Bienen (gegenüberliegende Seite).

Wie ein duftiger Schleier schmückt im Mai das Wiesenschaumkraut die Obstwiesen.

auf, eingerahmt von weißen Blütenblättern. Nicht alle Blüten öffnen sich gleichzeitig. So gibt es große Unterschiede in der Blütezeit der unterschiedlichen Sorten. Selbst an einem Baum öffnen sich die Blüten nicht alle gleichzeitig. Sie beginnt mit der Königsblüte (die mittlere von fünf Blüten eines Blütenbüschels) auf der Südseite des Baumes und endet bis zu zehn Tage später auf der Nordseite mit der letzten Blüte. Unter normalen Witterungsbedingungen ist die Birnenblüte bis Mitte Mai abgeschlossen. Die Blüte der verschiedenen Apfelsorten kann sich noch über den gesamten Mai erstrecken und schließt erst im Juni mit dem »Spätblühenden Taffetapfel«. Viele Apfelsorten zeigen im Aufblühen eine mehr oder weniger ausgeprägte rosa Färbung auf der Außenseite der Blütenblätter, die erst mit dem vollständigen Erblühen in Weiß übergeht. Den Reigen der Obstblüte schließt die Quitte. Sie begeistert uns mit großen, zartrosa gefärbten Blüten. Im Gegensatz zu den übrigen Obstarten erscheinen hier die Blüten nicht in Büscheln, sondern einzeln.

Der Blütenmonat Mai lädt zu ausgedehnten Wanderungen durch die Streuobstwiesen und zur Einkehr bei Blütenfesten ein. Aussichtspunkte wie die bewirteten Burgen Rechberg, Hohenneuffen und Hohenzollern sowie exponierte Felsspitzen entlang des Albtraufs locken nicht nur zu einem genüsslichen Vesper, sondern bieten im Frühling auch ein herrliches Panorama. Zu den blühenden Obstbäumen bildet das frische Hellgrün der austreibenden Buchenwälder einen beruhigenden Kontrast.

🎵 Vögel beginnen mit dem Nestbau

Vogelgesang in den unterschiedlichsten Tonlagen läuten den Frühling ein. In Streuobstwiesen kommen besonders viele Vogelarten vor. Sie finden dort ideale Lebensbedingungen. Deshalb gehören weiträumige Flächen entlang des Albtraufs zum europäischen Schutzgebietsnetz Natura 2000, das Vogelschutzgebiete und weitere Lebensräume für Tiere und Pflanzen umfasst. Bei

Schafe lieben das frische Frühlingsgras. Gegenüberliegende Seite: Leuchtend bunte Blumenwiesen am Albtrauf.

frühmorgendlichen Vogelwanderungen erläutern Ornithologen von Naturschutzverbänden, welche Melodie die Vögel charakterisieren und wie deren Lebensräume beschaffen sind. Frühaufsteher werden mit spannenden Erlebnissen belohnt. Viele der besonders geschützten Vogelarten wie Steinkauz, Gartenrotschwanz, Wendehals und verschiedene Spechtarten sind als Höhlenbrüter zwingend auf Baumhöhlen angewiesen. Diese finden sie vor allem in alten Streuobstwiesen mit einem hohen Anteil an Apfelbäumen. Nur wenige dieser Arten können ihre Höhlen selbst zimmern und sind deshalb dankbar für die Vorarbeit des Spechtes, dessen verlassene Wohnungen sie gerne nutzen. Für ihre Jungvögel sammeln sie Schädlinge wie Läuse, Raupen und Blütenstecher und sind damit nützliche Helfer.

Bunte Blumenwiesen locken

Die ersten Wiesenblumen öffnen ihre Blüten noch während der Obstblüte. Mit einem zartviolett-rosafarbenen Schleier überzieht das Wiesenschaumkraut die frisch ergrünten Wiesen und wird auf gedüngten Flächen schon bald durch Löwenzahn oder Scharfen Hahnenfuß mit Wiesenkerbel abgelöst. Die Hauptblüte der blumenbunten Magerwiesen erscheint erst nach der Obstblüte im Juni. Wiesensalbei, Margerite und Flockenblume sind mit verschiedenen Gräsern bestens geeignet für bunte Wiesensträuße. Auf frischen Standorten leuchtet das Blau des Wiesen-Storchschnabels.

Noch bevor die letzten Pflanzen verblühen, werden die Flächen gemäht oder von Schafen beweidet.

Erlebniswandern mit genussvoller Einkehr

Die Wiesen sind verblüht, und zwischen dem sattgrünen Laub der Obstbäume wachsen – jetzt noch ganz grün und versteckt – die Früchte heran. Es ist Sommer geworden und die Sonne lässt die Luft über den Feldern flimmern. Zum Gesang der Vögel gesellt sich jetzt das knatternde Geräusch der Traktoren mit ihren Mähgeräten. Der Wanderer freut sich am kühlenden Schatten unter den großen Obstbäumen und genießt regionale Speisen in gemütlichen Gasthäusern.

Der erste Wiesenschnitt steht an

Einer rationellen Mahd mit den inzwischen zu riesigen Kolossen entwickelten Traktoren stehen die großkronigen Obstbäume im Weg. Sie verhindern die Intensivierung dieser Wiesen, sodass sich vielerorts noch extensiv bewirtschaftete bunte Blumenwiesen erhalten haben. Erst nach Abblühen der Wiesenblumen beginnt hier die erste Mahd. Wer kann, setzt einen älteren Traktor ein oder benutzt den Balkenmäher. Das Gras wird zu Heu

Wiesenbocksbart taucht die Hänge in kräftiges Gelb. Gegenüberliegende Seite: Grillenzirpen erfüllt den lauen Sommerabend.

Die dicke Borke gewährt einen herzigen Durchblick.

getrocknet, gepresst und als Winterfutter verwendet. Häufig bleibt es aber auch als Mulchschicht auf der Fläche liegen. Viele Obstgrundstücke umfassen nur kleine Flächen mit fünf bis zehn Obstbäumen und werden individuell bewirtschaftet. Zum Mähwerk oder Balkenmäher gesellt sich zuweilen auch der Rasenmäher. Selbst »lebende Rasenmäher« kommen zum Einsatz: Schafe werden auf größeren, zusammenhängenden Flächen gerne zur Beweidung eingesetzt. Die Wanderschäferei ist im Streuobstparadies noch häufig anzutreffen. Vom Frühjahr bis zum Spätherbst führen die Schäfer ihre oft

mehr als 500 Tiere umfassende Herden über Streuobstwiesen. Hier ist eine gute Weideführung wichtig, um Baumschäden zu vermeiden. Gute Erfahrungen mit der Beweidung gibt es auch mit kleineren Rinderrassen wie Hinterwälder oder Zwergzebus. Ziegen und Pferde sind ungünstig, weil diese die Rinde der Bäume beschädigen können.

So entwickelt sich ein buntes Mosaik unterschiedlicher Bewirtschaftungsformen in den Streuobstwiesen – ein willkommener Kontrast zu den ansonsten monotonen landwirtschaftlichen Flächen.

Früchte wachsen heran

Sonne, Wasser und Wärme sind Voraussetzung für ein gutes Gedeihen der Früchte am Obstbaum. Während sich Äpfel und Birnen erst im Spätsommer verfärben, leuchten im Juni bereits die ersten reifen Kirschen aus den Bäumen und die Erntezeit beginnt. Lange Leitern werden in den Baum gestellt. Hier ist besondere Vorsicht geboten, denn die Zeit der Kirschenernte ist besonders unfallträchtig. In luftiger Höhe hängen die schönsten Früchte außen am Ast und können nur durch weites Hinauslehnen erreicht werden. Da kann es schnell passieren, dass die Leiter abrutscht. Weniger Gefahr droht bei der Ernte der Sauerkirschen, deren Bäume wesentlich kleiner sind. Die Früchte werden vorsichtig in eigens hierfür geformte Weidenkörbe gepflückt. Im Tübinger Raum hören diese Erntekörbe für Kirschen auf den Namen »Omel«. Bis heute stellen einige Korbmacher der Region solche Omeln her.

Auf Wochenmärkten, Verkaufsständen und in Garagen entlang der Straßen werden jetzt reife Kirschen zum Kauf angeboten.

Kaum sind die Kirschen geerntet, beginnt Ende Juli die Reife der frühen Apfelsorten, die im Volksmund gerne als »August«- oder »Jakobi«-Äpfel bezeichnet werden.

Beim Wandern bietet ein Mostschorle herrliche Erfrischung.

Auf der Wander-
schaft entlang des
Kirschenweges bei
Metzingen-Glems.
Vorhergehende
Doppelseite: Das
verheerende Unwetter
vom Sommer 2013
am Ursulaberg bei
Pfullingen.

🦢 Wandern, Rasten und Einkehren

Hochsommer ist Urlaubszeit. Als Kontrast zum heißen Strand im Süden bietet sich eine Wanderung in abwechslungsreicher Landschaft im Streuobstparadies an. Hier vereinen sich Berge mit herrlicher Aussicht, hügelige Landschaft und schattige Wälder. Premiumwanderwege bieten abwechslungsreiche Streckenführung und eindrucksvolle Naturerlebnisse. Auf natürlichen Erdwegen und Pfaden führen sie vorbei an landschaftlichen Höhepunkten und kulturellen Attraktionen. (Näheres hierzu ab Seite 136).

Gemütliche Gasthäuser laden unterwegs zur Einkehr ein. Unter schattenspendenden Bäumen schmeckt ein kühles Mostschorle zu einem deftigen Vesper besonders gut. Immer mehr gastronomische Betriebe nehmen fruchtige Speisen und heimische Getränke in ihre Karte auf. Als »Schmeck-den-Süden«-Gastronomen legen sie Wert auf regionale Produkte von bester Qualität (www.schmeck-den-sueden.de).

Gespräch mit Harry Röhrle
Wetter-Moderator des SWR

Wie wirkt sich die Albkante auf das regionale Klima aus?

»Bei einer Westwindwetterlage kann bei entsprechenden Strömungsverhältnissen an der nordwestlichen Seite Steigungsregen entstehen, da die Luft an dieser Stelle angehoben wird, um ›über die Alb‹ zu kommen. Andererseits ist schon beobachtet worden, dass bei einer Südströmung eine Art Mini-Föhn an der Alb entsteht. Dann strömen warme Fallwinde in das Gebiet des Streuobstgürtels. Hangabwärts gerichtete Windsysteme, in denen die Temperatur höher ist als in stehender Luft, können sich an windarmen Strahlungsnächten entwickeln. Sie entstehen vor allem abends und nachts. Die Lufttemperatur ist dort um zwei bis vier Grad höher und damit die Spät- und Frühfrostgefahr deutlich geringer. Vor allem an der Neuffener Steige, oberhalb des Freilichtmuseums Beuren und im Ermstal kommen diese Winde vor.«

Wie haben Sie das Jahr 2013 erlebt?

»Das Jahr 2013 war in jeder Hinsicht interessant. Das prägendste Erlebnis für mich war eindeutig das Hagel-Unwetter am 28. Juli – während der heißesten Tage des Jahres. So etwas habe ich in meinem Leben, das reich an Jahren ist, noch nicht erlebt: wie diese schwarze Wand mit großer Geschwindigkeit auf uns zugewalzt kam und die großen Hagelkörner – von starken Sturmböen angetrieben – zu zerstörerischen Geschossen wurden. Zumindest von meinen Obstbäumen zuhause im Garten ist nichts mehr übrig geblieben. Die Apfelbäume trugen keine Früchte mehr und waren total entlaubt. Dazu noch Schäden am Haus. Ich war beeindruckt, wie viel 15 Minuten Unwetter zerstören können. Danach steht man in gewisser Weise demütig vor der Natur und merkt, wie klein der Mensch eigent-

lich doch ist und wie wenig er ausrichten kann, wenn die Natur mal loslegt.«

War das im Streuobstgürtel anders?

»Das Unwetter hat natürlich auch Teile des Streuobstgürtels tangiert. Allerdings war auffällig, wie lokal begrenzt die Schneise der Zerstörung war. In Mössingen etwa waren damals die Schäden nicht so groß, in Nehren war schon mehr zu sehen, während in einem Streifen von Gomaringen, Reutlingen, Grafenberg und Göppingen die Landschaft nachhaltig entstellt war.«

Obsternte im bunten Herbstlaub

An sonnigen Herbsttagen leuchten die Bäume in den Streuobstwiesen um die Wette. Die Ausprägung der Herbstfärbung ist je nach Sorte und Witterungsverlauf sehr unterschiedlich. Bei Apfelbäumen fallen die Blätter meist grün oder gelb ab. Besonders auffallend sind die riesigen Birn- und Kirschbäume. Von kräftigem Gelb über Orange bis hin zu leuchtendem Rot sind alle Herbstfarben zu finden. Die Buchenwälder werden lichter und das duftende, abgefallene Laub raschelt zwischen den Füßen. Die gelben Blätter setzen sich vom blauen Himmel kontrastreich

ab. Erste Morgennebel lichten sich an sonnigen Tagen schnell und locken nach draußen in die Natur, am besten mit Rucksack oder Rad.

An den Bäumen reift das Obst jetzt in allen Farben, und in den Obstwiesen herrscht reges Treiben. Im Herbst sind alle mit der Ernte und Verarbeitung des Obstes beschäftigt. Das Knattern der Traktoren mischt sich unter das Bratzeln der geschüttelten Äpfel und Birnen. In den Dörfern arbeiten die Mostpressen fast ununterbrochen und der leckere frisch gepresste Saft wird in Fässer, Folienbeutel oder Flaschen abgefüllt.

Alles zu seiner Zeit! Obstannahme an der Mosterei. Gegenüberliegende Seite: Die herbstliche Abendsonne auf dem »Gütle«.

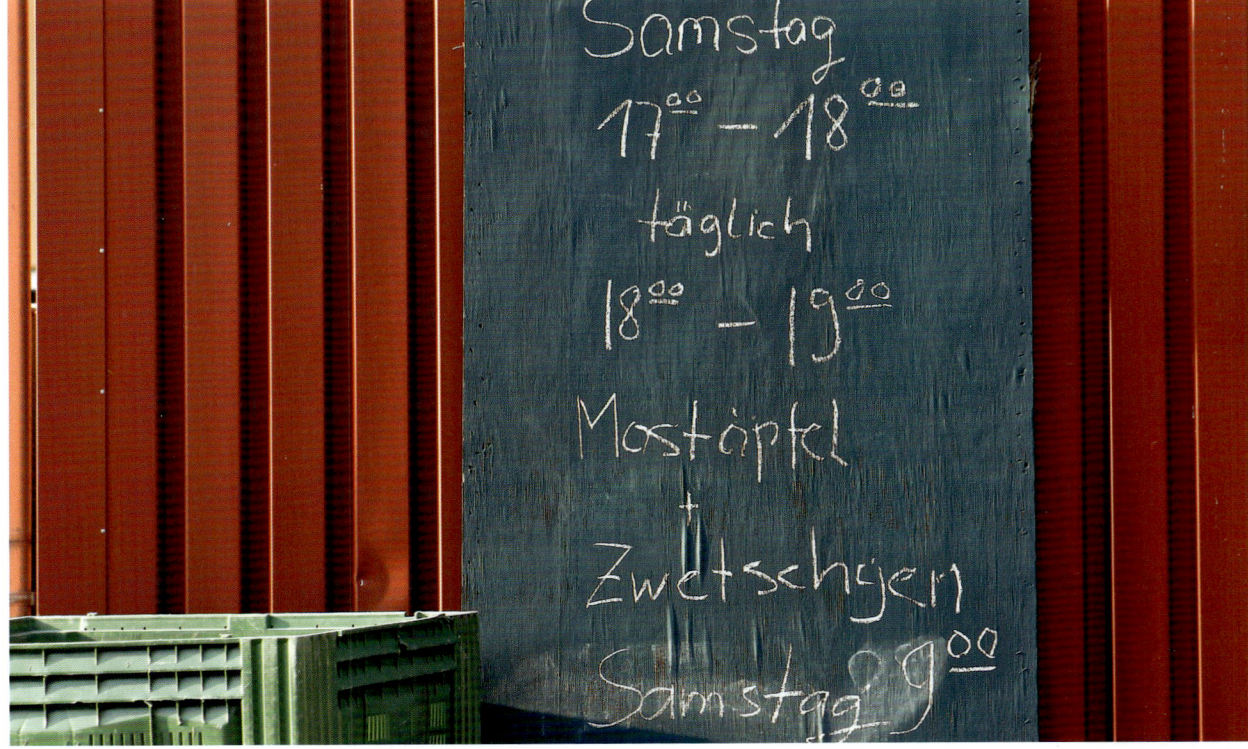

In guten Erntejahren brauchen die Apfelbäume Unterstützung!

♪ Reife bringt Farbe und Aroma

Mit den kühler werdenden Nächten beginnt die Reife der Früchte am Baum. Sommersorten wie »Klarapfel«, »Herzogin Olga« und »Bunte Julibirne« sind bereits geerntet. Ihnen folgen jetzt die Herbstsorten »Jakob Fischer«, »Schwäbischer Rosenapfel« und »Stuttgarter Geißhirtle«. Zwetschgen werden blau, süß und damit erntereif. Die deutlichen Temperaturunterschiede zwischen sonnigen Tagen und kühlen Nächten unterstützen eine schöne Fruchtfärbung und fördern die Aromabildung. Deshalb sind die Früchte des Streuobstparadieses denen der milderen Lagen in den klassischen Obstbauregionen weit überlegen. Sie zeichnen sich durch eine besonders ausgeprägte Färbung und kräftiges Fruchtaroma aus. Dieses Aroma prägt auch die Qualität des Apfelsaftes. Natürliche Säure und fruchtige Süße aus vollreifen Äpfeln der Streuobstwiesen ergeben einen ausgewogenen, herrlich erfrischenden Saft mit kräftigem Geschmack – ein willkommener Kontrast zu den einheitlichen Massenprodukten aus Ost und Fernost.

Besonders wichtig ist eine gute Ausreife für die späten Sorten, die zu Saft, Most oder Destillaten verarbeitet werden. Häufig wird es nach regnerischen Herbsttagen erst im Spätherbst nochmals richtig sonnig. Für die späten Obstsorten wie »Brettacher«, »Rheinischer Bohnapfel«, »Bittenfelder Sämling« und »Oberösterreicher Weinbirne« sind die letzten Öffnungstermine der Mostereien im November gerade recht. Gute Zucker- und Aromagehalte sind Voraussetzung für qualitativ hochwertige Moste, Obstweine und Destillate.

Ernte der Früchte

Mit langen Leitern wird das reife Tafelobst in Körbe gepflückt und in Holzkisten zur Lagerung abtransportiert. Nur makellose Früchte ohne Wurmbefall eignen sich zur Lagerung im Keller oder Kühllager. So kann das Obst den ganzen Winter über als knackiger Vitaminspender genossen werden.

Die restlichen Früchte werden ebenso wie alle Most- und Wirtschaftsobstsorten mit einem Haken an einer langen Stange geschüttelt. Für Birnen sind häufig Stangen mit einer Länge von mehr als acht Metern notwendig. Da braucht es schon etwas Geschick und

Kraft, um die Früchte zum Fallen zu bringen. So manche Frucht kann sich verirren und den Schüttelnden empfindlich am Kopf treffen.

Ist das Schütteln noch den Erwachsenen vorbehalten, können beim Aufsammeln der Früchte auch viele Kinderhände gebraucht werden. Mit flinkem Griff und großem Elan sind sie den Erwachsenen oft überlegen, zumal für sie der Weg zum Boden deutlich kürzer ist. Der Einsatz von motorbetriebenen Auflesemaschinen erleichtert diese Arbeit ganz entscheidend. Das aufgesammelte Obst wird in Säcke gepackt oder offen auf den Anhänger verladen. Kleinere Traktoren, die auch unter Obstbäumen eingesetzt werden können und meist

Streuobst braucht fleißige Hände – ob geschüttelt oder von Hand geerntet.

Die ganze Familie hilft bei der Birnenlese auf den Obstwiesen bei Balingen; im Hintergrund grüßt die Burg Hohenzollern. Vorhergehende Doppelseite: Zauberhafte Morgenstimmung im Wildgehölz.

schon seit vielen Jahrzehnten im Einsatz sind, übernehmen den Transport zur Mosterei oder Obstannahmestelle. Fahrzeuge mit üppig beladenen Anhängern sind nun überall anzutreffen und markantes Zeichen für die hohe Zeit der Obsternte.

Verarbeitung zu köstlichen Produkten

Lebhaftes Treiben herrscht jetzt in den vielen Mostereien des Streuobstparadieses. Oft sind die Geräte in Schuppen oder Nebenräumen untergebracht, die das Jahr über als Lagerraum dienen. Mit Beginn der Erntesaison werden sie ausgeräumt, gründlich gereinigt und mit den nötigen Utensilien wie Transportfässern und Obstboxen ausgestattet. Wer hier sein Obst anliefert, kann die Verarbeitung selbst verfolgen und erhält den Saft aus dem eigenen Obst. Für Kinder ist dies besonders spannend, denn sie können miterleben, wie aus dem mühsam aufgelesenen Obst ein herrlich fruchtiger Saft entsteht. Mostereien und Hofläden bieten den Saft zum Verkauf an. Wer nicht immer nur reinen Apfelsaft trinken möchte, kann ihn hier auch in Mischung mit Johannisbeeren, Kirschen, Möhren oder Holunderblütensirup erhalten.

Viele Betriebe verarbeiten das Obst zu einer breiten Palette unterschiedlichster Produkte. Es entstehen Schaum- und prickelnde Perlweine zur Begleitung festlicher Anlässe oder zur Erfrischung an lauen Sommerabenden. Sortenrein oder als Cuvée ausgebaut überraschen Obstweine und -säfte mit einem besonders fruchtigen Bukett. Neu sind pfiffige und spritzige Produkte aus der Dose. Der traditionelle schwäbische Most erhält in Mischung mit anderen Getränken und einer modernen Verpackung ganz neue Aufmerksamkeit.

Doch das ist lange noch nicht genug, denn was wäre der Herbst ohne Obstkuchen? Aus den Öfen duftet es nun höchst appetitlich nach Apfel- oder Zwetschgenkuchen. Als »Beeta« oder »Berda« wird er bei Herbstfesten in ganz unterschiedlichen Varianten auf Blech gebacken angeboten.

REGIONEN
UND REGIONALES

Wo die Alb am höchsten und die Birne am häufigsten ist

Als »Region der zehn Tausender« lockt die Zollernalb auf exponierten Felsensteigen zu Wanderungen auf dem dichtesten Netz an Premiumwanderwegen durch herrliche Landschaften. Von den mehr als tausend Meter hohen Aussichtsbergen reicht die Sicht an klaren Herbst- und Wintertagen bis zur Alpenkette und auf den gut ausgeschilderten Wegen fühlt sich der Wanderer wie im Gebirge. Atemberaubende Felsabbrüche und grandiose Ausblicke an der Kante des Albtraufs lassen den Blick über die Streuobstwiesen und Ortschaften der Zollernalb schweifen. Meist wird er gefangen vom Wahrzeichen der Region: der Burg Hohenzollern. Mit ihren vielen Türmen auf einem 300 Meter hohen Zeugenberg residiert sie wie ein Märchenschloss über der Zollernalb und ist ihr Wahrzeichen. Sie ist Stammhaus der Hohenzollern und war lange Jahre Ruhestätte des Preußenkönigs Friedrich II., im Volksmund als der Alte Fritz bekannt.

Die Steilkante der Schwäbischen Alb teilt den Landkreis diagonal in das auf 440 bis 650 Meter hoch liegende Albvorland mit dem Kleinen Heuberg und vielen Streuobstwiesen und in die auf 950 Meter reichende Albhochfläche mit dem Großen Heuberg. Der Name »Heuberg« ist für den Zollernalbkreis bis heute Markenzeichen geblieben, weil hier noch viele blumenbunte Wiesen gedeihen, aus denen ein herrlich duftendes Heu entsteht. Der Initiative der Naturschutzverwaltung ist es zu verdanken, dass immer mehr Landwirte das Angebot nutzen und ihre Flächen entgegen dem Druck der Biogashersteller extensivieren. Nicht nur auf der Albhochfläche beglücken bunte Blumenwiesen im Juni das Herz jedes Naturfreundes, auch unter den Streuobstflächen haben sie sich gehalten, weil die Bäume einer intensiveren Nutzung der Fläche mit großen Geräten im Weg stehen. Hier können Kinder noch große bunte Blumensträuße pflücken. Doch im Gegensatz zur Albhochfläche, wo die Wiesen als Halbtrockenrasen oder Berg-Mähwiesen auftreten, stehen im Albvorland die Salbei-Glatthaferwiesen im Vordergrund.

An den Hängen des Keuper und Braunen Jura im Albvorland haben sich die Streuobstwiesen bis heute gehalten. Doch im Gegensatz zu den wärmeren Regionen des Streuobstparadieses treten in diesen etwas raueren Lagen die Tafeläpfel und -birnen zugunsten der deutlich widerstandsfähigeren Wirtschaftssorten in den Hintergrund. Besonders auffällig ist der hohe Anteil an Most-, Brenn- und Dörrbirnen. Diese mächtigen Bäume

Alte Wanderwege im neuen Kleid: Die Traufgänge rund um Albstadt. Gegenüberliegende Seite: Hutzeln in verschiedenen Trocknungsstadien.

Prächtige Birnbaum-Riesen mit »Schweizer Wasserbirnen«
warten auf die Ernte.

mit ihren hohen und ausladenden Kronen überragen
die Apfel- und Zwetschgenbäume deutlich. Zur Blütezeit
Ende April erscheinen sie wie riesige Blütensträuße in
der Landschaft. Ehrfürchtig bleibt der Wanderer unter
solchen Baumriesen stehen und rastet im Schatten
der Krone. Für die Kunstmalerin Maria Caspar-Filser
(1878–1968) galt die herrliche Obstlandschaft um
Balingen als Sinnbild für ihre Heimat. Die Liebe zu den
Obstwiesen und den darin arbeitenden Menschen spiegelt sich in einer ganzen Reihe von Ölgemälden wieder.

Während die Most- und Brennbirnen in allen
Regionen des Streuobstparadieses vorkommen, sind die
Dörrbirnbäume eine Besonderheit der Streuobstwiesen
im Zollernalbkreis. Sortennamen wie »Speckbirne«,
»Feigenbirne«, »Gelbe Wadelbirne« oder »Fässlesbirne«
zeugen von einer überlieferten Form der Obstverwertung. Diese Sorten verbindet die Eigenschaft, dass das
Fruchtfleisch mit der Reife im Inneren braun und teigig
wird, während die Schale außen noch fest ist. Als es
noch keine Kühlschränke gab, war die Trocknung der
einzige Weg, um die Früchte haltbar zu machen. Jeder
bäuerliche Haushalt hatte auf dem Dachboden eine
»Schnitztruhe«. In dieser hölzernen Truhe bewahrten
die Bauern die gedörrten Früchte auf. Gedörrte Äpfel
wurden als »Schnitze« bezeichnet und gedörrte Birnen
als »Hutzeln«. Sie sind unentbehrlicher Bestandteil des
Hutzelbrotes, das aus einem schweren Teig mit gedörrten Birnen, Zwetschgen und später auch Feigen entsteht
und in keiner Advents- und Weihnachtszeit fehlen
darf. Im Gegensatz zu Dörrbirnen aus anderen Regionen werden hier die Birnen halbiert und ohne Stiel
und Kernhaus getrocknet. In vielen Ortschaften und
landwirtschaftlichen Gehöften gab es Dörrhäuser, auch
Darren genannt. Heute dienen elektrisch oder solar
betriebene Geräte zum Dörren der Früchte im eigenen
Haushalt. Im Gegensatz zu gedörrten Äpfeln, die als
knackige Apfelchips inzwischen in nahezu jedem Hofladen erhältlich sind, haben die Hutzeln den Weg aus dem
eigenen Haushalt in die großtechnische Herstellung
noch nicht gefunden.

Die Albhochfläche erlaubt nur den rauesten Obstsorten ein gutes Gedeihen. Doch mit etwas Sorgfalt, Fachwissen und angepasster Sortenwahl können auch auf über 900 Meter Höhe Äpfel, Birnen und Zwetschgen neben Wacholderheiden und Weidebuchen gedeihen. Die Freude über einen guten Obstertrag ist hier besonders groß. Zum vertrauten Landschaftsbild zählen hier aber eher die Schafherden. Sie sind unentbehrliche Helfer, um die oft steilen und kargen Wacholderheiden von Bewuchs frei zu halten.

Herrliche Ausblicke über die Landschaft der Zollernalb können wir von der Burg Hohenzollern und vielen Aussichtspunkten am Albtrauf genießen. Die Premiumwege »Traufgänge« führen zum Zeller Horn, Hörnle, Böllat und Gräbelesberg. Das Zeller Horn bietet den schönsten Blick auf die Burg Hohenzollern, die hier zum Greifen nahe liegt. Deshalb ist der Traufgang »Zollernburg-Panorama« erst jüngst zum schönsten Premiumwanderweg Deutschlands gewählt worden. An der gegenüberliegenden Bergseite oberhalb des Killertals liegt der Dreifürstenstein als exponierter Aussichtsbalkon. Auf diesen Schnittpunkt der drei früheren Fürstentümer Württemberg, Hohenzollern und Fürstenberg führt der Premiumweg »Dreifürstensteig« aus Mössingen. Atemberaubende Tiefblicke auf Balingen bietet der Lochenstein, der vom Balinger Teilort Weilstetten über den Lochenpass erreicht wird. Vom Parkplatz an der Passhöhe kann die Region der zehn Tausender erwandert werden, denn hier ist die Alb am höchsten. Einige Berge wie der Plettenberg, der Oberhohenberg oder der Lemberg überschreiten die Tausendermarke und bieten faszinierende Blicke in die Landschaft. An klaren Herbsttagen ragt die gesamte Alpenkette von den Allgäuer Alpen bis ins Berner Oberland aus der Ebene. Eindrucksvolle Landschaften im Felsenmeer der Schwäbischen Alb und spannende Ausblicke in idyllische Täler bietet der 164 Kilometer lange Donau-Zollernalb-Weg. Er führt vom Donautal über die Albhochfläche ins Obere Schlichemtal und über den höchsten Berg der Schwäbischen Alb, den Lemberg, wieder zurück zum Ausgangspunkt.

Früchte der Heimat: Apfelchips und Walnussöl aus Hechingen-Boll.

Gespräch mit Dr. Anja Hoppe
Leiterin des Burgbetriebes Burg Hohenzollern

Burg Hohenzollern ist Anziehungspunkt für die ganze Welt. Was verbindet die Burg mit dem Streuobstparadies?
»Die Burg Hohenzollern, majestätisch auf dem Zoller-berg gelegen, ist Anziehungspunkt für jährlich bis zu 350 000 Besucher aus der ganzen Welt. Von hier oben aus hat man einen fantastisch weiten Rundumblick über das ganze Land. Jede Jahreszeit hat ihre ganz eigene Farbe. Am schönsten ist es allerdings zur Baumblüte – wenn das ganze Tal im weißen Blütenmeer liegt.«

Trotz eines internationalen Publikums setzen Sie vermehrt auf Regionalität und Landerlebnis. Wie zeigt sich das auf der Burg?
»Die Burg Hohenzollern ist die dynastische Stamm-burg der Hohenzollern, aus denen die preußischen Könige und deutschen Kaiser hervorgegangen sind. Daraus ergibt sich eine tief verwurzelte, historische Verbundenheit mit der Region, doch waren Region und Bevölkerung über die Jahrhunderte gleichermaßen auch prägend für die Burg. Beides ist untrennbar miteinander verbunden. Es liegt mir daher sehr am Herzen, unseren Besuchern immer wieder die Stärken und Schönhei-ten der Region zu präsentieren. Unsere verschiedenen Veranstaltungen und Familienwochenenden wie der ›Goldene Herbst‹ oder der ›Königliche Weihnachts-markt‹ haben eine stark regionale Ausrichtung. Und der Apfelpfannkuchen aus Einkornmehl, eine Spezialität unseres Küchenchefs, schmeckt einfach köstlich!«

Was verbinden Sie persönlich mit den Streuobstwiesen?
»Seit 2013 ist die Burg Hohenzollern Mitglied im Verein Schwäbisches Streuobstparadies und seit dem Früh-jahr 2014 gibt es auch auf der Burg eine kleine Reihe

Apfelbäume, königliche und fürstliche Sorten, die wir mit großer Hingabe hegen und pflegen. Streuobstwiesen gehören seit Jahrhunderten in unsere Kulturlandschaft und sind prägender Bestandteil der Region. Am aller-schönsten ist es, wenn der Blütenduft bis hinauf auf die Burg weht, dann weiß man, der Winter ist vorüber und jetzt kommt der Frühling!«

Die Streuobstwiesen oberhalb von Balingen-Ostdorf geben den Blick frei nach Süden zu den höchsten Bergen der Schwäbischen Alb.

Derart abwechslungsreiche Landschaften sind ein Paradies für Mountainbiker. Die Zollernalb bietet Mountainbike-Trails und jährlich stattfindende Events wie die »TRANS Zollernalb«, die Biker aus ganz Europa anlockt. Viele Routen führen hier durch ursprüngliche Landschaften.

Die Besichtigung der Burg Hohenzollern, aber auch des Balinger Zollernschlosses und der Schlosskirche in Haigerloch führen ebenso in die Vergangenheit wie das Römische Freilichtmuseum Hechingen-Stein. Mehrere idyllische Dörfer, die ihren ländlichen Charakter bis heute bewahrt haben, prägen den Kleinen Heuberg. Sein Zentrum bildet die mittelalterliche Stadt Rosenfeld, zu deren Ortskern mit der Alten Apotheke das älteste erhaltene Steinhaus Süddeutschlands aus dem Jahr 1244 gehört. Durch das Naturschutzgebiet »Eichberg« in Geislingen-Erlaheim führt ein Streuobstlehrpfad, der über viele noch im Zollernalbkreis vorkommende lokale Obstsorten informiert. Zu Ruhe und Entspannung nach einem anstrengenden Wander- oder Radtag lädt die Saunalandschaft des »badkap« in Albstadt oder ein Rundweg um den Schömberger Stausee mit gemütlicher Einkehr ein.

Im Zollernalbkreis wird der GeoPark Schwäbische Alb gleich an mehreren Stellen erlebbar. Auf den ehemaligen Abbauflächen der Firma Holcim zwischen Dotternhausen und Dormettingen entsteht ein einzigartiger Landschaftspark, zu dem eine Wasserlandschaft und ein Amphitheater mit Freilichtbühne zählen. Der 6,5 Kilometer lange SchieferErlebnis-Pfad enthält viele informative Lernstationen über Geologie, Fossilien und Abbau des Ölschiefers. Kinder können im Bergbauspielplatz mit Hammer und Meißel nach eingeschlossenen Fossilien, Muscheln und Katzengold suchen. Das »SchieferErlebnis Dormettingen« ist direkt mit dem Schlichemwanderweg verbunden, der zum geologischen Lehrpfad entlang des Schömberger Stausees führt.

Gespräch mit Josef Haug
Baum- und Bergmaler aus Rangendingen

Herr Haug – wie finden Sie zu Ihren Themen?

»Ich mache intensive Spaziergänge und Wanderungen, denn nur beim Wandern nimmt man die Natur richtig wahr. Ich bin gern auf der Schwäbischen Alb, am Raichberg, auf der Uracher Alb, im Schwarzwald und im Berner Oberland, und überall begegne ich imposanten, bewundernswerten alten Baumgestalten. Diese dann zu malen, ist meine Passion. Und dieses Malen ist mehr als das Bemühen um künstlerische Abbildung: Es ist zugleich ein erhabenes Erlebnis.«

Was erleben Sie, wenn Sie sich intensiv auf Ihr Motiv einlassen?

»Ich glaube, das Leben selbst: Wenn ich beispielsweise eine sterbende Baumruine gemalt habe und nach Jahren erfreut feststelle, dass sie wieder lebt und neu austreibt. Ich sehe an den Bäumen das Gewachsene, das Gewordene, all die Schrunden und Überwallungen, die Beulen, die knorrigen Rinden, die feinen Verästelungen, die Pracht der Blätter und den eigenwilligen Wuchs des Stammes.

Ein Baum ist ein Lebewesen mit allem, was dazugehört – mit Körper, Geist und Seele. Ein Baum ist eine volle Persönlichkeit, vielleicht das differenzierteste Lebewesen der Pflanzenwelt. Im Baum findet der Mensch sein schönstes Gleichnis. Der Baum steht nicht nur aufrecht wie der Mensch; er hat Arme, Beine, Blut, einen Leib, ist schlank oder stattlich, hat Haut und Haare, hat ein Geschlecht oder auch zwei, und er sprosst aus eigenem Antrieb.

Natürlich erlebe ich auch herabfallendes Obst, Mücken und Zecken! Aber die Freude am schönen Motiv wiegt das auf.«

Man könnte bei so üppigen sinnlichen Eindrücken ins Träumen geraten! Wie nähern Sie sich denn malerisch Ihrem Thema?

»Ich entwickle eine Bildidee, mache Skizzen und Fotos. Die Jahres- und Tageszeiten liefern die Palette, die innere und die gesehene Stimmung liefern die Farbgebung. Es vollzieht sich jener geheimnisvolle Akt, der die gesehenen Dinge auf ein Bild umsetzt. Zwei malerische Kräfte fassen die Vielfalt der Farben zusammen: zum einen die starken Konturen des Motivs, zum anderen das Licht. Nun noch die richtige Anordnung – die Blatteinteilung – und dann wird gemalt. Meist beginne ich mit einer Skizze, bei besonderen Vorhaben und zum besseren Kennenlernen noch eine Bleistiftzeichnung. Zuhause im Atelier kommt, bei bester Laune und mit Musik, mit frischen Farben meine Faszination zum Ausdruck. Wenn die Freude, die ich beim Malen habe, auf den Betrachter übergeht – dann ist es gelungen, dann ist es ein Kunstwerk!«

Von Blütenträumen und geselliger Einkehr

Eingerahmt vom Naturpark Schönbuch auf der einen und dem Trauf der Schwäbischen Alb auf der anderen Seite liegt der Landkreis Tübingen in einer malerischen Landschaft, die von Flusstälern mit mehr oder weniger steilen Hängen geprägt wird. Je nach Exponierung und Höhenlage herrscht entweder der Weinbau oder der Streuobstbau vor. Als Inbegriff der schwäbischen Landschaft gilt die von Ludwig Uhland in einem Gedicht beschriebene Wurmlinger Kapelle. Ihr idyllisch gelegener Bergkegel ist von weither sichtbar. Inmitten dieser eher dörflich geprägten Landschaft liegt die historische Universitätsstadt Tübingen, die mit ihrer malerischen Altstadt und vielen Studentenkneipen zu einem Kulturbummel einlädt.

Zur geselligen Einkehr passt Apfelsaft aus der Streuobstwiese.

Gegenüberliegende Seite: Die herrliche Lage der Wurmlinger Kapelle hat schon manchen Dichter inspiriert.

Die Kapelle

Droben stehet die Kapelle,
Schauet still ins Tal hinab.
Drunten singt bei Wies' und Quelle
Froh und hell der Hirtenknab'.
[...]

LUDWIG UHLAND, 1805

Die Tallandschaften entlang von Neckar, Ammer und Steinlach sind bei Radwanderern äußerst begehrt. Gleich drei Fernradwege führen durch sie hindurch: der Neckartal-Radweg, der Hohenzollern-Radweg und seit 2013 auch der Württembergische Weinradweg. Unter dem Motto »tübinger um:welten« lädt der Landkreis zu einem besonderen Raderlebnis ein: Tausend Kilometer beschilderte Radstrecken! Unterschiedliche Thementouren, darunter auch Streuobst-Touren, führen zu Erlebnisstationen entlang der Radwege. Diese thematischen Routenvorschläge verbinden kulturelle Sehenswürdigkeiten und landschaftliche Höhepunkte mit radfahrerfreundlichen Beherbergungsbetrieben. Die zahlreichen Bett & Bike-Gastgeber bieten für Radler die passende Unterkunft und garantieren Annehmlichkeiten wie abschließbare Radräume, vitaminreiche Speisen und Fahrrad-Reparatursets.

In der Streuobst- und Weinbauregion laden Direktvermarkter und Most- oder Weinbesen zum Kauf von regionalen Produkten und zur geselligen Einkehr ein. Annähernd 40 solcher Most- und Weinbesen finden sich im Landkreis. Dazu gehören traditionsreiche Ausflugsziele wie das Schloss Hohenentringen über dem Ammertal oder das Hofgut Schwärzloch, in dem schon so berühmte Gäste wie Eduard Mörike, Ludwig Uhland und Wilhelm Hauff während ihrer Tübinger Studentenzeit den Most genossen haben.

Diese und verschiedene weitere namhafte Dichter wie Friedrich Hölderlin, Friedrich Schiller oder Johann Wolfgang von Goethe haben der Stadt Tübingen den Beinamen »Stadt der Dichter und Denker« beschert. 1477 von Graf Eberhard im Bart gegründet, gehört die Universität zu den ältesten in Deutschland. Ein herausragender Gelehrter des 16. Jahrhunderts an der Universität Tübingen war Leonhard Fuchs, der vielen Pflanzenliebhabern als Namensgeber für die Gattung der Fuchsien bekannt ist. Er erstellte in Tübingen die Manuskripte zu »De historia stirpium«, einer Lebensgeschichte der Heilkräuter, und dem »New Kreüterbuch«, das in prachtvollen Holzschnitten und handkolorierten Pflanzenabbildungen die Heilpflanzen beschreibt. Neben einer nicht kolorierten »Volksausgabe« gab es dieses Werk auch als aufwendig handkolorierte Prachtedition, die schon damals kaum erschwinglich war.

Heute zählt die Stadt Tübingen mit fast 30 000 Studenten zu den Städten mit dem niedrigsten Altersdurchschnitt. Die historische Altstadt mit vielen Fachwerkhäusern lädt tagsüber zum Einkaufsbummel ein. An jedem Montag, Mittwoch und Freitag ist auf dem historischen Marktplatz Wochenmarkt. Bunte Stände laden zum Einkauf von regionalen Produkten ein. Zwischendurch sorgt eine Stocherkahnfahrt auf dem Neckar vorbei an Tübingens Wahrzeichen, dem Hölderlinturm, für willkommene Abwechslung. Urgemütliche Kneipen und Cafés in der Altstadt locken nicht nur die Studenten und beleben die Kulturszene.

An der Porta Suevica, der Schwäbischen Pforte, weitet sich das enge Neckartal und gibt den Blick auf die Schwäbische Alb frei. Hier liegt die Römer- und Bischofsstadt Rottenburg, die aus der Kernstadt und siebzehn wie Perlen um das Zentrum angeordneten Stadtteilen besteht. Unter dem keltischen Namen »Sumelocenna« entwickelte sie sich schon in der Römerzeit zu einem bedeutenden Ort der Provinz Obergermanien. Mit den Römern kamen sicherlich auch die ersten nutzbaren Weinstöcke und Obstbäume sowie Kenntnisse über deren Anbau in die Region. Bis gegen Ende des 19. Jahrhunderts war Rottenburg ein Zentrum des Hopfenanbaus im damaligen Königreich Württemberg.

In vielen Teilorten werden heute Obstbäume angebaut und an manchen Steillagen gedeihen Weinreben.

Streuobstwiesen prägen auch die Hänge des Steinlachtales. Um Nehren und Mössingen hüllen duftende Blütenmeere der Kirschbäume die Landschaft im April in ein weißes Blütenmeer, gefolgt von den Blüten der Birnen- und Apfelbäume. Allein auf Mössinger Markung stehen etwa 40 000 Streuobstbäume. Grund genug, um hier das Hauptinformationszentrum des Schwäbischen Streuobstparadieses anzusiedeln. Es wird im Gebäude der ehemaligen Stofffabrik Pausa in Mössingen seinen Platz finden.

Doch damit der Blüten nicht genug: Mössingen hat sich als Blumenstadt mit der »Mössinger Mischung« weit über die Landesgrenze hinaus einen hervorragenden Ruf erworben. Auf öffentlichen Flächen, bevorzugt entlang von Straßen und Feldwegen, öffnen sich im Anschluss an die Obstblüte ganze Blütenmeere mit Mohn, Natternkopf, Cosmeen, Sonnenblumen und vielen weiteren attraktiven Pflanzen. Mössingens Stadtgärtnermeister Dieter Felger hat aus Samen einjähriger Pflanzen Blütenmischungen zusammengestellt, die bis in den späten Herbst bunte Blütenteppiche bilden und neben den faszinierten Blicken der Fußgänger und Autofahrer auch viele Insekten anziehen.

Die Streuobstlandschaft um Mössingen kann auf dem Streuobst-Panoramaweg und dem Premiumweg Dreifürstensteig erwandert werden. Letzterer hat es jüngst auf die Liste Deutschlands schönster Wanderwege geschafft. Über idyllische Streuobstwiesen führt die gut 13 Kilometer lange Route hinauf zum sagenumwobenen Aussichtspunkt Dreifürstenstein mit seinen grandiosen Weitblicken bis über die Burg Hohenzollern. Weiter geht es auf dem Albsteig zu einem der bedeutendsten Geotope Deutschlands – dem Mössinger Bergrutsch – und weiter durch typische Buchenmischwälder und Streuobstwiesen wieder zurück zum Startpunkt. Als Nationaler Geotop der UNESCO gehört der Mössinger Bergrutsch zu einem der wichtigsten nationalen Zeugnisse erdgeschichtlicher Entwicklungen. Nach tagelangen Regenfällen rutschte im April 1983 eine Fläche von annähernd 50 Hektar und 9 bis 10 Millionen Tonnen am Steilhang des Hirschkopfes ab. Nach dem Rutsch siedelten sich in dem sich selbst überlassenen Gelände seltene Tierarten wie Sumpfschildkröte und Kolkraben an. Der »Mössinger Bergrutsch« ist ein beeindruckender Beleg für die Rückverlagerung der Schwäbischen Alb. Durchschnittlich weicht die Schwäbische Alb, deren Trauf einst in der Stuttgarter Gegend verlief, 1,6 Millimeter pro Jahr zurück. Bis heute ist das Rutschgelände nicht zum Stillstand gekommen. Im Juni 2013 kam es erneut zu langanhaltenden Regenfällen, die zu unzähligen kleineren, aber auch großen Rutschungen führten. Und wieder war Mössingen besonders betroffen: Oberhalb des Ortsteils Öschingen rutschten 140 000 Tonnen talabwärts Richtung Öschingen und beschädigten 15 Häuser so stark, dass deren Bewohner evakuiert werden mussten. Umfangreiche Sicherungsmaßnahmen waren erforderlich.

Als besonders reich strukturierter Kultur- und Lebensraum lädt der Westhang des Schönbuchs zwischen Tübingen und Herrenberg Naturliebhaber zu Wanderungen ein. Durch diese als Naturschutzgebiet ausgewiesene Region führen Wege in sonnig warmer Steillage vorbei an ausgedehnten Streuobstwiesen, Magerrasen und traditionellen Weinbergterrassen mit Trockenmauern und Steintreppchen. Der freie Blick schweift dabei über die Dörfer Ammerbuch und Breitenholz hinweg bis zur Blauen Mauer der Schwäbischen Alb. Von den etwa 200 Hektar Fläche mit Steillagen sind gut 35 Hektar mit Reben bepflanzt. In diesem Grenzgebiet für den Weinbau gedeihen keine frostanfälligen Sorten wie Trollinger, Riesling oder Silvaner. Da die überwiegend terrassierten Steillagen sehr aufwendig zu bewirtschaften sind, haben die einzelnen Betriebe kleine Flächen, die häufig zur Eigenversorgung dienen. Viele unverfugten Trockenmauern beheimaten typische Felsspaltenbewohner. Hierzu gehören das Zimbelkraut, die Mauerraute und Reptilien wie Zauneidechsen und Blindschleichen.

Gespräch mit Jürgen Jonas

»Kirschblütendichter« und radelnder
Lokalreporter aus Nehren

Zu unseren Fragen ließen wir Jürgen Jonas mit Passagen aus seinem Gedichtband »Kirschblütengedichte« antworten.

Die Kirschenwiese ist ja beinahe so etwas wie Nehrens Wahrzeichen. Was beeindruckt Sie an den Bäumen am meisten?
»So oft ich die Kirschenblüte schon erlebt habe im Steinlachtal, verblüfft es mich doch immer wieder, welchen starken Eindruck sie hervorruft und hinterlässt. Man weiß, sie kommt herbei und doch: Eines Morgens reibt man sich verwundert die Augen und ist beglückt ob der majestätischen Prachtentfaltung. Im sanften Säuseln des Wiesenwinds verweht auch mancher Ärger und Verdruss. ›Der Frühling grünt mit vollem Odem. Wir spüren das. So leben wir noch. So sind wir noch immer ein Teil der Schöpfung. Wir wollen es nicht vergessen.‹ So sagt der Dichter. Wir wollen es nicht vergessen.«

Und der Kirschengeist?
»Ach, der Kirschengeist! Schon Friedrich Hölderlin schrieb in jungen Jahren an die Mutter: ›Schicke mir einen Kirschengeist, aber von guter Qualität müsste er sein …‹ Später, so wird erzählt, lachte er recht, wenn man in der Ernte die Bäume schüttelte und die Pflaumen ihm auf Kopf und Schultern prasselten. Das muss ihm ein gutes Gefühl gemacht haben. So wie mir der Kirschengeist, den ich ›mit Wolluscht‹ konsumiere.«

Vom Paradies

Ich habe eine Geschichte gehört.
Eine alte Frau hat sie mir erzählt
aus ihrer Kinderzeit.
In der Schule sagt der Lehrer eines Frühlingsmorgens:
Kinder, heute machen wir einen Ausflug!
Und der Lehrer lockt:
Kinder, heute zeig' ich euch das Paradies!
Und der Lehrer führt die Kinder über die große Straße
hoch ins Kirschenfeld.
Vor einen riesengroßen Kirschenbaum.
Er stellt sich vor den Baum und ruft:
Kinder, seht, das ist das Paradies!
Dann nimmt er seine Fiedel vom Rücken
und geigt ein süßes Liedchen.
Aber die Kinder, die glauben ihm nicht.
Sie schauen sich an
und wollen es nicht glauben.
Ein Junge zeigt dem Lehrer sogar einen Vogel,
mit dem Finger an die Stirne tippend.
Da steht der Baum, umschwirrt
von Bienen und Insekten,
da steht der Baum, in voller Blüte,
leuchtend weiß,
seine Krone eine wunderbare Wolke.
Da steht der Kirschenbaum
inmitten seiner kleineren Kollegen,
über ihm die warme Sonne
in einem Himmel von unerhörtem Blau.
Der Lehrer geigt sein kleines Liedchen,
hinter sich und über sich das Paradies.
Jawohl, das Paradies.

Und die Kinder wollten es nicht glauben.
Der Kirschenbaum ist lange schon den Weg gegangen.
Und jetzt, die Frau ist über 90 Jahre alt,
erinnert sie sich manchmal
an den Ausflug in das Kirschenfeld.
Und denkt dann, wie sie sagt:
Vielleicht war's doch
das Paradies.

JÜRGEN JONAS, NEHREN
(aus dem Buch »Kirschblütengedichte«)

Erlebte Geschichte im Biosphärengebiet

Unten im Albvorland: Einkaufsstädte wie Reutlingen, Pfullingen und die als »Outlet-City« bekannte Stadt Metzingen – oben auf der Hochfläche der Schwäbischen Alb: verträumte Dörfer mit Wacholderheiden. Das sind die beiden Pole, die der Landkreis Reutlingen umspannt. Dazwischen liegen Hunderttausende von Obstbäumen und viele innovative Betriebe, die aus dem Obst vielseitige und pfiffig-spritzige Produkte herstellen. Wir sind in dem Landstrich, in dem der berühmte Pomologe Eduard Lucas gewirkt und wesentliche Grundsteine für die heutigen Streuobstwiesen gelegt hat.

In Metzingen treffen zwei gänzlich verschiedene Interessen aufeinander: Die Stadt hat sich im Laufe der letzten Jahre zu einem weltweit bekannten und boomenden Zentrum für Outlet-Shopping entwickelt. Aus aller Welt kommen Gäste, die hier bei Edelmarken nach Schnäppchen suchen. Doch Metzingen bietet eine weitere Besonderheit im Streuobstparadies: Die Stadt betreibt einen eigenen biologisch zertifizierten Obstbaubetrieb, der mehr als 50 Hektar Streuobstwiesen mit Äpfeln, Birnen, Steinobst und Walnüssen umfasst.

An den sonnenexponierten Südhängen von Metzingen und dem Stadtteil Neuhausen gedeihen fruchtige

Historische Ansicht von Reutlingen mit dem Schulungsgebäude der Pomologie (im Bild rechts).

Weine. Die Weingärtnergenossenschaft gehört zwar zu den Kleinsten im Land, kann aber auf eine besonders lange Tradition zurückblicken. Darüber informiert das Metzinger Weinbaumuseum. Kultureller Mittelpunkt der Stadt ist der Kelternplatz mit seinen sieben Keltern, die heute für unterschiedliche Zwecke und Veranstaltungen wie beispielsweise dem Weinfest am dritten Oktoberwochenende oder dem Weihnachtsdorf genutzt werden.

Bezeichnend für diese Region ist die enge Verzahnung von intensiv bewirtschafteten Streuobstwiesen zur Herstellung qualitativ hochwertiger Produkte mit extensiv bewirtschafteten Flächen. Hier wird das Kennzeichen schwäbischer Streuobstwiesen erneut augenfällig: ihre Vielfalt. Vielfalt auch hinsichtlich der unterschiedlichen Fruchtarten und Bewirtschaftungsformen: Im Ermstal werden knackige Kirschen angebaut, die auf Wochenmärkten der Region nur angeboten werden können, wenn sie madenfrei sind. Auch Tafeläpfel aus Streuobstwiesen müssen den Qualitätsansprüchen der Verbraucher entsprechen. Dagegen können Flächen, auf denen Früchte zur Safterstellung geerntet werden, extensiver bewirtschaftet werden. Oftmals ist es hier ausreichend, wenn die Bäume etwa alle zehn Jahre einen maßvollen Schnitt erhalten.

Das Ermstal bietet für Streuobstfreunde viele Attraktionen. Der Ermstalobst-Radweg führt auf verschiedenen Routen durch das Tal, vorbei an zahlreichen obstbaulichen Sehenswürdigkeiten. Dazu gehört der Kirschenlehrpfad, der von Dettingen nach Glems führt. Auf einer Länge von zwei Kilometern durch Streuobstwiesen können 50 regional bedeutende Kirschensorten kennengelernt und zur Reifezeit sogar probiert werden. Am Etappenziel Glems angekommen, bietet sich ein Besuch des kleinen, aber feinen Obstbaumuseums in der ehemaligen Kelter mit zünftigem Vesper an. Öffnungszeiten sollten erfragt werden.
Die Kurstadt Bad Urach am Ausgang des Ermstales lädt mit ihren prachtvollen spätmittelalterlichen Fachwerkhäusern am Marktplatz zu einem Bummel ein. Sie ist

Blick über das Echaztal mit Reutlingen und Pfullingen auf die Achalm.

Mit dem Öffnen der Blüten verblasst bei der Apfelblüte das leuchtende Rosa.

eingerahmt von Wasserfällen, Burgruinen und Aussichtsfelsen, die auf Premium-Wanderwegen, den Grafensteigen, erkundet werden können. Alle Rundtouren haben einen sportlichen Charakter, führen sie doch vom Tal auf die umliegenden Höhen. Erholung nach einer anstrengenden Wanderung bietet das angenehm warme Mineral-Thermalwasser der »AlbThermen«.

Weite Teile der Streuobstlandschaft am Albtrauf, aber vor allem die Hochfläche der Schwäbischen Alb sind Bestandteil des von der UNESCO ausgezeichneten Biosphärengebietes Schwäbische Alb, das sich auf 29 Gemeinden in den drei Landkreisen Reutlingen, Esslingen und Alb-Donau-Kreis erstreckt. Abwechslungsreiche Landschaften und geologische Besonderhei-

ten kennzeichnen dieses Großschutzgebiet. Erlebbare Regionalität sowie moderner Natur- und Umweltschutz sind die tragenden Säulen des Biosphärengebietes. Im Mittelpunkt der Aktivitäten steht hier eine zukunftsfähige Entwicklung der Region im Einklang von Mensch und Natur. Hierzu gehört auch die Rückkehr zu traditionellen Getreide- und Tierarten. Unter die Rinder gesellen sich Albbüffel, auf den Äckern gedeihen Alblinsen und Dinkel.

Das Haupt- und Landgestüt Marbach lockt Pferdefreunde aus nah und fern und das Schloss Lichtenstein steht mit seinem runden Turm wie ein Märchenschloss auf einem Fels. Das Biosphärengebiet kann mit den Biosphären-Botschaftern erkundet werden. Sie organisieren und begleiten interessante Ausflüge, Bustouren und Familienfeste. Als Biosphärengastgeber bieten 25 zertifizierte Hotels und Restaurants regionale und ökologische Produkte zum Genießen an. Sie arbeiten Hand in Hand mit den regionalen Brauereien, Bäckereien, Brennereien und Fruchtsaftherstellern.

Das Informationszentrum des Biosphärengebietes liegt am Rande des ehemaligen Truppenübungsplatzes Münsingen. Auf 450 Quadratmeter interaktiver Ausstellungsfläche bietet es spannende Einblicke in das Leben der Menschen und die Schönheiten der Natur auf der Schwäbischen Alb. Das Zentrum ist der Mittelpunkt eines Netzwerkes von 15 weiteren Erlebniszentren mit verschiedensten spannenden Themen zur Geschichte der Älbler und ihres Lebens in einer wunderbaren Natur.

Während der zweiten Hälfte des 19. Jahrhunderts war Reutlingen mit dem Pomologischen Institut unter Leitung von Eduard Lucas das obstbauliche Zentrum Europas.

Lucas stammte aus Erfurt und war ab 1843 Institutsgärtner an der landwirtschaftlichen Unterrichts-, Versuchs- und Musteranstalt und späteren landwirtschaftlichen Akademie in Hohenheim. Dort beschrieb er in seiner »Landespomona« alle in Württemberg vorkommenden Apfel- und Birnensorten und richtete ab

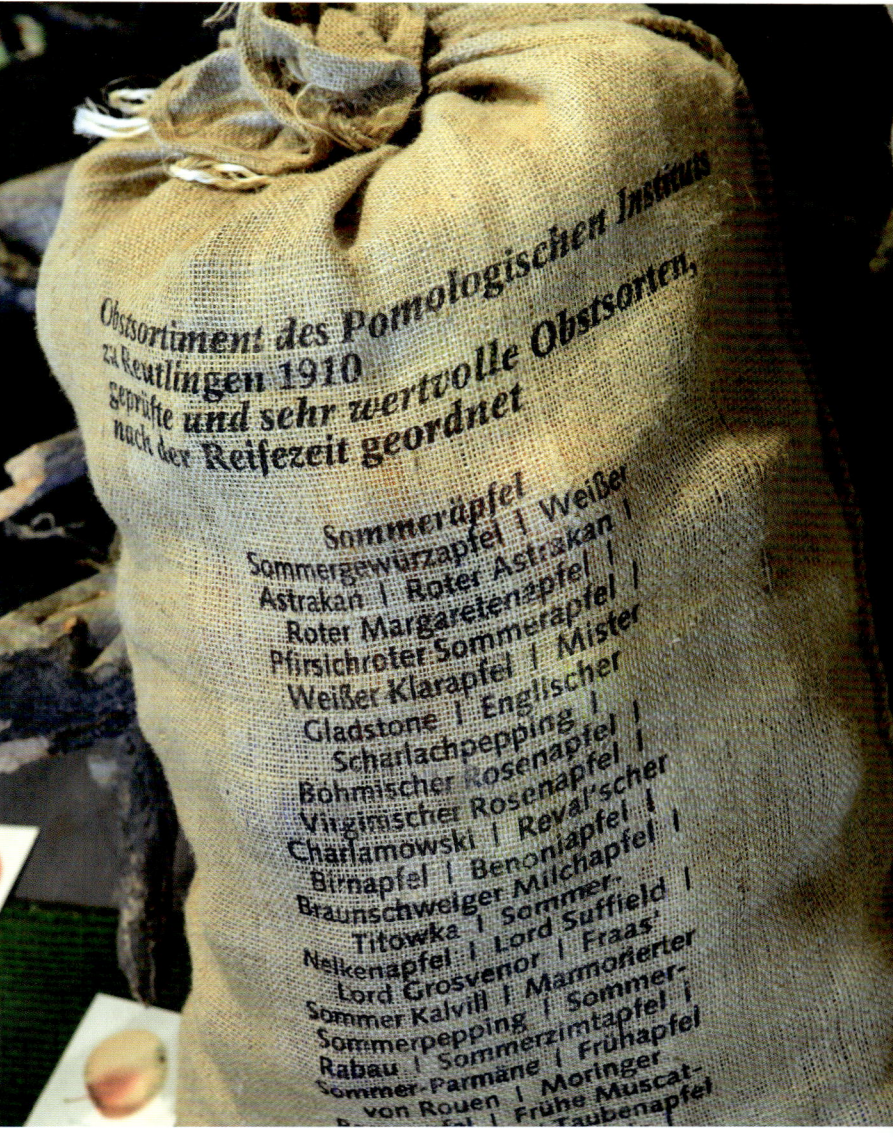

1851 »zur Förderung der Obstkultur im Großen« Kurse für Baumwärter ein. Zur damaligen Zeit wurden die Oberämter verpflichtet, Baumschulen in den Gemeinden einzurichten und durch Baumwärter betreuen zu lassen. Da es hierfür noch keine fundierte Ausbildung gab, sah Eduard Lucas darin eine wichtige Aufgabe.

Im Glemser Obstbaumuseum zeigt dieser Obstsack von bunter Sortenvielfalt.

Doch die ihm hierfür in Hohenheim zugestandenen sechs Wochen Ausbildung waren nicht ausreichend. Daher verließ er die sichere Anstellung beim König von Württemberg und wagte den Schritt zur Gründung einer privaten Ausbildungsstätte, dem Pomologischen Institut. Nach und nach entstanden Gebäude für Hörsaal, Küche mit Speisesaal und Stallungen. Der Institutsleiter bewohnte ein eigenes Gebäude. Hinzu kamen etwa sechs Hektar Fläche zu Anbau- und Versuchszwecken. Lange Zeit war dieses Pomologische Institut das einzige Zentrum für obstbauliches Engagement in Deutschland. Die Baumwärterausbildung dauerte hier sieben Monate, daneben wurden neue Sorten erprobt, sortenechte Reiser in alle Erdteile verkauft und Obstsorten bestimmt. Um die revolutionären Entdeckungen von Louis Pasteur zur Haltbarmachung von Obst und Gemüse umzusetzen und neue Verwertungsarten wie Dörren, Lagern und Einkochen zu erschließen, entstand eine Obstverwertungsstation. Damit war das Pomologische Institut die erste Fachhochschule in Deutschland: Sie verband wissenschaftliches Arbeiten mit praxisbetontem Unterricht und wurde zum Vorbild für viele Schulen im In- und Ausland. Das Königreich Württemberg erhob als erstes Land den »Staatlich geprüften Baumwart« zu einem selbständigen Beruf und betraute das Pomologische Institut mit der Durchführung entsprechender Lehrgänge.

Nach dem Tod von Eduard Lucas übernahm dessen Sohn Friedrich das Institut bis 1921, anschließend dessen Sohn Eduard bis 1922, bevor es an einen Pfullinger Fabrikanten verkauft wurde. Heute gehören Instituts- und Wohngebäude der Stadt Reutlingen, Teile der ursprünglichen Versuchsflächen werden vom Kreisobstbauverband als Lehr- und Erholungsgarten gepflegt. Eine ehrenamtlich tätige Arbeitsgemeinschaft sowie sein Ururenkel Martin Stiegler und dessen Tochter Anemone bemühen sich um die Bewahrung des Erbes von Eduard Lucas. Das »Lucasgewölbe«, ein Gewölbekeller unter dem Wohnhaus von Eduard Lucas, ist bereits renoviert worden.

 ## Gespräch mit Martin Stiegler
Ururenkel von Eduard Lucas

Herr Stiegler – was erinnert in Ihrer Familie heute noch an Eduard Lucas?
»Ich will mir hier in Kohlstetten auf meinem Hof ein Lucas-Zimmer einrichten. Noch steht alles in Kartons, aber ich will das erhalten und sortieren. Meine Tochter Anemone ist Gartenarchitektin in Reutlingen, gar nicht weit weg von der Pomologie – damit habe ich das Glück, dass sie die grüne Linie fortsetzt. Sie war bei den Obstlern (eine Ausbildung zum Kulturlandschaftsführer) und hat in der Pomologie Führungen und Vorträge über Eduard Lucas gehalten.«

So, wie Eduard Lucas heute geschätzt wird, ist seine Geschichte doch bestimmt gut aufgearbeitet?
»Das war es jahrzehntelang leider nicht, bis der Reutlinger Franz Just kam, Gymnasiallehrer und Hobby-Historiker, langjähriges Mitglied beim Reutlinger Geschichtsverein. Heidi Stelzer, zweite Vorsitzende, gab ihm Eduard Lucas zur Recherche. Und Just kniete sich rein, verbrachte viele Tage bei meiner Mutter, die ihm viel erzählen konnte. Die war zwar angeheiratet, wurde aber eines Tages von einem weitläufigen Verwandten mit einem Waschkorb voll Bücher und Schriften konfrontiert. Der kam und sagte: ›Ruth, ich habe keine Kinder, du hast Kinder – das gehört zu euch.‹ Und da lag obendrauf das Büchlein des Eduard Lucas zu seinem 50-jährigen Gärtnerjubiläum, das er als Autobiografie geschrieben hat. Meine Mutter war eine Schnellleserin und hatte das Büchlein in der gleichen Nacht durch. Am anderen Morgen sagte sie zu meinem Vater: ›Es ist eine Schande, dass in unserer Familie davon nie geredet wird. Das weiß ja keiner, was du für

einen tollen Urgroßvater hast – aber das ändert sich ab heute.‹

Sie war einfach begeistert. Denn das Ende der Pomologie war ja nicht ganz so toll. Die Pomologie war in ihrer Zeit genau zum richtigen Zeitpunkt da. Wenn man mal die wirtschaftliche Seite betrachtet: Er war allein, hatte kein Geld in der Tasche. Er war sehr früh Waise geworden, wurde vom Onkel in Erfurt aufgenommen. Sein Wunsch, Gärtner zu werden, wurde ihm erfüllt. Das war kein Zuckerschlecken, Arbeit beinahe Tag und Nacht, denn wer musste die Gewächshäuser beheizen? Der Lehrling natürlich. Er arbeitete sich hoch und kam über verschiedene botanische Gärten nach Hohenheim. König Wilhelm suchte jemand für den Obstbau – auch da musste er sich erst reinarbeiten, als Autodidakt. Das Institut war mit ihm sehr zufrieden – nur nicht mit seinem Freigeist: Man wollte eigentlich keinen zweiten Schiller.

Jedenfalls wurden seine Bücher und Kongressvorträge zensiert, und das passte ihm nicht. 1855 sagte der Reutlinger spätere Baumschulbesitzer Konrad Weckler, der auch in Hohenheim arbeitete, zu ihm: ›Das, was Sie im Sinn haben – das könnten Sie in Reutlingen verwirklichen. Ich hätte Ihnen da ein Grundstück und könnte den Türöffner machen bei der Stadt Reutlingen.‹ Das ist für mich das Schlüsselerlebnis: Die Pomologie hatte einen kometenhaften Aufstieg, es ging ihr jahrzehntelang ›bodengut‹. Dann kam die Weltwirtschaftskrise und der Erste Weltkrieg – dadurch brachen die ganzen Leute weg, die Menschen hatten kein Geld mehr, die Umsätze gingen um 75 Prozent zurück. Es war ja ein privates Handelsunternehmen, aber eben mit Unterricht. Die mussten schon vor dem Frühstück schaffen. Dann kamen Vorlesungen, und mittags wieder Arbeit – heute würde man sagen, er hat die jungen Leute ausgebeutet. Aber: Sie kamen ja alle freiwillig, und sie brachten auch noch Schulgeld mit! Und die von ihm ausgebildeten Baumwarte wurden allerorten gerne angestellt.«

Welches Hauptanliegen hatte Eduard Lucas?
»Es hat ihn immer sehr traurig gemacht, dass es keine Hochschule und keine Weiterbildung für den gärtnerischen Beruf, den Obstbau und die Landwirtschaft gab. Die Zusammenhänge waren ihm wichtig, Düngung und ein gescheiter Obstbaumschnitt. Er war derjenige, der sagte: ›Setzt auf eure Äcker und an die Straßen ein paar Hochstämme, um den Platz zu nützen, damit ihr besser über den Winter kommt mit Äpfeln und Most.‹«

Kirschenträume vor Mörikes »Blauer Mauer«

Der Spannungsbogen zwischen der Metropolregion Stuttgart und dem idyllischen Streuobstparadies prägt den Landkreis Esslingen. Im nördlichen Teil seines Gebiets liegen Esslingen, Plochingen und Wendlingen mit bedeutenden Industrieansiedelungen entlang des Neckars. Weltfirmen im Maschinenbau und der Automobilzulieferung wechseln sich mit jungen, innovativen Firmen und mittelständischen Betrieben ab. Verlassen wir das lebhafte Neckartal in Richtung des Albvorlandes, breitet sich eine sanft hügelige Landschaft vor uns aus, eingerahmt von der Schwäbischen Alb als »wundersame Blaue Mauer«.

Um Neidlingen und Weilheim an der Teck liegt das größte Kirschenanbaugebiet Deutschlands und die hohe Zahl an Brennereien verdeutlicht, wie tief die Landbevölkerung hier mit dem Streuobstbau verwurzelt ist. Teile des Kreisgebietes gehören zum Biosphärengebiet Schwäbische Alb, das den Albtrauf und die Hochebene der Schwäbischen Alb umfasst. Als Informationszentrum für das Biosphärengebiet und den GeoPark Schwäbische Alb bietet das Naturschutzzentrum Schopflocher Alb viele Informationen zu Themen des Natur- und Umweltschutzes.

Ausgedehnte Streuobstwiesen können wir bereits von der Autobahn A8 zwischen Wendlingen und Aichelberg erkennen. Sie reichen dort bis nahe an die Fahrbahn und laden dazu ein, die Autobahn zu verlassen und in das Streuobstparadies einzutauchen. Um Neidlingen, Owen und Neuffen stehen herrliche Obstwiesen dicht an dicht. Die Bezeichnung »Streuobst« ist hier nicht mehr angemessen. Die Bäume stehen derart eng und nicht mehr lediglich »verstreut« in der Landschaft, dass sie uns sogar als ganze »Obstwälder« beglücken. Hier sind wir im Herzen des Streuobstparadieses,

wie es wundervoller nicht sein kann. Von markanten Aussichtspunkten wie der Burg Teck, der Burg Hohenneuffen oder dem Reußenstein können wir prächtige Aussichten in diese Obstlandschaft genießen. Dass der Streuobstbau noch fast in jedem Haushalt vertreten ist, belegen viele obstverarbeitende Betriebe wie Mostereien, Keltereien und Brennereien. Von den insgesamt 150 Brennereien im Landkreis liegen allein 36 Betriebe in der Stadt Owen. Hier wird nicht nur Kirschwasser, Birnendestillat oder Apfelbrand hergestellt. Mit dem Whisky-Walk machen drei Brennereien auf ihre Herstellung von schwäbischem Whisky aufmerksam und verbinden ihre Betriebe mit einer erlebnisreichen Wanderung (siehe Seite 140).

Im benachbarten Beuren lässt sich die ursprüngliche Lebensweise in einem schwäbischen Dorf inmitten von Streuobstwiesen im Freilichtmuseum Beuren nachempfinden. 23 Häuser, Ställe und Scheuern mit kulturhistorischer Geschichte sind hier aus der näheren Umgebung als Museumsdorf zusammengeführt worden. Sie laden zu einer Zeitreise in die gar nicht so ferne Geschichte ein. Manch einer fühlt sich im Rathaus mit Lehrerwohnung, im typischen Älbler-Bauernhaus oder im Tante-Helene-Lädle in seine eigene Vergangenheit versetzt. Weit über die regionalen Grenzen hinaus bekannt ist das »Moschtfescht«, das alljährlich im Oktober im Freilichtmuseum gefeiert wird. Unweit davon lädt die Panorama Therme Beuren zu Wellness, Erholung und Entspannung ein. Vom Beckenrand aus reicht der Blick bis zur Burg Hohenneuffen. Die Höhlenlandschaft der Schwäbischen Alb wird in der Thermengrotte nachempfunden. Nebelhöhle, Salz- und Wärmestollen, Duscherlebnisgrotte und Quellenhöhle machen die Geologie der Schwäbischen Alb erlebbar. Hier lohnt es

sich, dem Alltag zu entfliehen und die wohlige Wärme des Thermalwassers zu genießen.

An den südexponierten Hängen des Hohenneuffen hat der Weinbau eine lange Tradition. Als Weinbaugemeinde mit einer der höchstgelegenen Weinberglagen in Baden-Württemberg unterscheidet sich Neuffen durch das Klima, aber auch durch den Juraboden von den übrigen Weinlagen im Land. Hier und in den Nachbarorten entsteht der »Täleswein« aus traditionellen Sorten, allen voran der Silvaner. Von der Aussichtsterrasse der Burg Hohenneuffen kann das Streuobstparadies in all seinen Facetten überschaut werden. Der Blick reicht von den Höhenzügen des Albtraufs mit dem Jusi bis zur Burg Hohenzollern. Der Übergang vom Weißen zum

Burg Teck herrscht über dichte Streuobstwiesen im Lenninger Tal.

Braunen Jura zeigt die Waldgrenze an. Dort, wo die
Streuobstwiesen beginnen, steht Braunjura an. Direkt
unterhalb der Burg in exponierter Südlage dominie-
ren die Weinberge. Der Blick schweift weiter über die
Streuobstwiesen nach Beuren und zur Burg Teck. Bei
guten Sichtverhältnissen können sogar die drei Kaiserberge Hohenstaufen, Stuifen und Rechberg am Horizont
entdeckt werden.

Markenzeichen der Streuobstwiesen im Landkreis
Esslingen sind die Kirschen. In keiner Region des Streuobstparadieses stehen vergleichbar viele Kirschbäume,
die hier das Landschaftsbild entscheidend prägen. Zur
Blütezeit überschütten sie die Landschaft mit ihrem
weißen Blütenregen und der intensive Duft lockt Bienen
zur Bestäubung an. Ab etwa Mitte Juni werden die reifen Früchte an unzähligen Ständen entlang der Straßen
und auf Wochenmärkten verkauft. Besonders hoch ist
die Dichte an Verkaufsständen zwischen den Ortschaften Owen und Beuren, weshalb dieser Straßenabschnitt
im Volksmund als »Kirschenstrich« bezeichnet wird.
Neben Tafelkirschen werden feine Destillate und haus-
gemachte Spezialitäten wie Marmeladen angeboten. Die
Gastronomie nimmt die Kirschen in die Speisenauswahl
auf und in den Cafés locken fruchtige Kirschkuchen
und -torten.

Mit mehr als 20 000 Kirschbäumen ist Neidlingen
unterhalb der Ruine Reußenstein eine der größten
Kirschengemeinden im Land. Seit über 150 Jahren
werden dort Kirschen angebaut. Der eingeschlossene
Talkessel und die guten Bodenverhältnisse bieten ideale
kleinklimatische Voraussetzungen für den Kirschenan-
bau. Höhepunkt des Kirschenanbaus war die Zeit nach
dem Zweiten Weltkrieg, als der Preis für die handge-
pflückten Früchte noch sehr hoch war und der Anbau
überaus lohnend. Importe aus östlichen Ländern haben
die Preise für Kirschen im Laufe der Zeit nach unten
gedrückt. Heute lohnt sich die mühsame Handernte
kaum mehr. Doch die Bäume sind erhalten geblieben
und tauchen die Landschaft im April in strahlendes
Blütenweiß.

Gespräch mit Peter Hepperle
vom »Schwäbischen Caféhaus Alte Kass«,
Neidlingen

Herr Hepperle, wie kamen Sie auf die Idee, die »Alte Kass« zu gründen?

»Wir dachten längere Zeit darüber nach, den Tagesausflüglern, die Neidlingen in den letzten Jahren mehr und mehr besuchen, nicht nur landschaftlich Reizvolles, sondern auch kulinarisch etwas Interessantes und Besonderes zu bieten. Deshalb kauften wir dieses Gebäude, das früher als Spar- und Darlehenskasse genutzt wurde, bauten es – fast ausschließlich in Eigenarbeit – aus und verpassten ihm ein einzigartiges Flair. Viel Holz, viel Authentisches und Handgearbeitetes machen den Charme aus.«

Welchen Bezug hat Ihr Caféhaus zur Streuobstlandschaft?

»Neidlingen liegt inmitten von Streuobstwiesen, vor allem Kirschen werden hier seit langer Zeit geerntet. Aus früheren Zeiten stammt der Spruch: ›Wenns koin Rohbau langt, no wars a schlechts Kirschajohr.‹ Daran sieht man, wie groß die Erträge damals waren, nicht nur bei den Kirschen, insgesamt im Obstbau. Das Gebäude, in dem sich die ›Alte Kass‹ befindet, wurde 1953 quasi mit Geld aus dem Streuobst gebaut. Der Keller wurde von den Obstbauern ›von Hand‹ ausgegraben und als Lager für das Obst benutzt (noch heute wird hier Obst eingelagert, wenn auch nur ein Bruchteil von damals). Bei der Inneneinrichtung des Cafés und des Ladens wurde viel Ursprüngliches erhalten. Auch der stillgelegte Aufzug in den Keller wurde liebevoll ins Interieur integriert.

Im Caféhaus ist fast ausschließlich Streuobstkuchen im Angebot, der selbst gebacken wird. Insgesamt werden hauptsächlich Produkte aus der Region verwendet.«

Was macht das Besondere aus?

»Die heimelige Atmosphäre: Die Leute fühlen sich wohl!«

Gespräch mit Rudolf Thaler

LOGL-geprüfter Obstbaumpfleger aus
Bissingen an der Teck

*Sie haben sich die Pflege der Streuobstbäume zur
Passion gemacht. Was hat Sie dazu angetrieben, was
motiviert Sie dazu?*

»Den Lebensraum Streuobstlandschaft sehe ich als uns
übergebenes Kulturerbe, das es in seiner faszinierenden biologischen Vielfalt zu erhalten gilt. Neben den
verschiedensten Tier- und Pflanzenarten sind hier die
Obstbäume und deren unterschiedlichste Sorten tragen-
des Element. Ohne Pflege der Bäume kann der Erhalt
dieses Lebensraumes nicht gelingen. Von Bedeutung
ist, hier vorhandenes Wissen zu erhalten und dies auch
weiterzuvermitteln. Der Austausch der Erfahrung mit
Gleichgesinnten und zielführende eigene Erkenntnisse
fördern meine Motivation.«

*Zum Baumschnitt gibt es den Spruch: »Fünf Baum-
warte, sechs Meinungen.« Was würden Sie jemandem
empfehlen, der Sie nach Tipps zum Baumschnitt fragt?*

»Als überzeugter Anhänger des Oeschbergschnitts und
seiner Weiterentwicklung bei starkwachsenden, großkronigen Streuobstbäumen habe ich für mich schnell
erkannt, dass es vom Resultat her keine zielbringendere
Baumschnitttechnik gibt. Man nutzt hier natürliches
Wachstumverhalten und arbeitet dabei mit dem Baum
und nicht, was anderswo oft zu sehen ist, gegen ihn.«

*Welche Ratschläge würden Sie jemandem mitgeben,
der Interesse an einer Baumwiese hat?*

»Mein erster und oberster Ratschlag ist, dass man sich
da mit der erforderlichen Streuobstpflege auseinander-
setzt. Es sind die Obst- und Gartenbauvereine, die gerade dieses Wissen weitervermitteln, und deshalb würde
ich, sofern noch nicht Mitglied, zum Beitritt raten.
Mit dem Besuch von weiterbildenden Veranstaltungen, wie Schnittkursen und dergleichen, kann eigenes
Wissen aufgebaut, gefördert und vertieft werden. Als

weiterer Schritt könnte man dann bei Interesse die Ausbildung zum LOGL-geprüften Obst- und Gartenfach-
wart ins Auge fassen, weil diese ein breites Spektrum
an Wissen und Praxis abdecken. Dann würde ich versu-
chen, bei Neupflanzung das Interesse für alte Sorten zu
wecken.«

Vom Aroma im Glas zur Arche des Geschmacks

Gegenüberliegende Seite: Leuchtende Fruchtvielfalt im Gasthaus »Lamm« bei Jörg Geiger.

Verkehrsgünstig zwischen Stuttgart und Ulm gelegen, bietet die Region Göppingen echtes Alberlebnis in unmittelbarer Nähe zur Autobahn. Die drei Kaiserberge Hohenstaufen, Rechberg und Stuifen erheben sich aus der grünen Kulturlandschaft und bieten beeindruckende Aussichten.

In verwunschenen Tälern gedeihen seltene Früchte und Kräuter, die in Gasthöfen mit feinster Gourmetküche zu regionalen Spezialitäten mit einzigartigem Aroma verarbeitet werden. Ruhe und Entspannung nach ausgiebigen Radtouren oder Wanderungen bieten die Mineral-Thermen von Bad Ditzenbach, Bad Überkingen und Bad Boll.

Das größte Gewässer der Region ist die Fils, die bei Wiesensteig entspringt und bei Plochingen in den Neckar mündet. Ihr Oberlauf, der unter der einheimischen Bevölkerung als »Goisatäle« (hochdeutsch: Ziegental) bekannt ist, fließt durch eine idyllische Landschaft mit »doppeltem Albtrauf«. Das Flusstal beeindruckt durch steil aufragende Bergflanken mit teils senkrechten Felsabbrüchen wie der Hausener Wand. Das obere Filstal ist für seine Mineralquellen weit über die Region hinaus bekannt. Von der Vinzenz-Therme in Bad Ditzenbach führt ein herrlicher Spazierweg entlang des Streuobstlehrpfades, der über die Obstsorten der Region informiert. Unweit der Mineral-Therme von Bad Überkingen lockt der Wald- und Wasserweg durch die umgebende Landschaft und bietet viele Informationen zu unterschiedlichsten Themen, darunter auch zur Entstehung der Mineralquellen.

Wie in kaum einer Landschaft in Deutschland spiegeln sich in der Schwäbischen Alb die widersprüchlichsten Charaktere: Weite und Enge, Kargheit und Fruchtbarkeit, Vergangenheit und Gegenwart. Der Landkreis Göppingen vereint all diese unterschiedlichen Facetten. Steile Hänge beheimaten Wacholderheiden, auf den Hochflächen wachsen Hagebutten neben Schlehen und die Streuobstwiesen bergen viele interessante alte Obstsorten. Deshalb überrascht es nicht, dass sich gerade hier begeisterte Menschen finden, die aus diesen Gaben der Natur kulinarische Genüsse zaubern und zu einer perfekten Harmonie für Nase, Gaumen, Augen und Herz verschmelzen lassen. Hier zeigt sich, was mit einem für Streuobstwiesen begeisterten Herz und leidenschaftlicher Perfektion erreicht werden kann.

Das »Gasthaus Lamm« in Schlat wird in der dritten Generation von Jörg Geiger betrieben, der das Haus 1939 von seinem Vater übernommen hat. Von dem spritzigen Most seines Großvaters aus den riesigen Bäumen der »Champagner Bratbirne« angeregt, hat er mit Liebe, Leidenschaft und Durchhaltevermögen eine Technik erarbeitet, um aus dem Most dieser Birnen einen prickelnden Schaumwein herzustellen. Das Ergebnis war derart erfolgreich, dass die französische Champagnerindustrie auf ihn aufmerksam wurde und gegen sein Produkt gerichtlich vorging. Obwohl die Birnensorte »Champagner Bratbirne« nachweislich seit Beginn des 18. Jahrhunderts bekannt ist, gelang es dem Champagnersyndikat, einen Vergleich zu erstreiten und die Verwendung der Bezeichnung »Champagner Bratbirne« auf dem Frontetikett zu verbieten. Doch das tat der Erfolgsgeschichte keinen Abbruch, im Gegenteil: Die Nachfrage nach dem Schaumwein stieg und animierte Jörg Geiger, den eingeschlagenen Weg, aus Früchten der heimischen Streuobstwiesen Spitzenprodukte herzustellen, fortzusetzen. Es entstand die »Manufaktur Jörg Geiger«, die heute eine Palette von 40 verschiedenen Produkten umfasst und weit über die Grenzen Deutsch-

lands hinaus Anerkennung erfährt. Dazu gehören sortenreine Schaumweine unterschiedlicher Obstsorten, Edeldestillate, Apfel- und Birnenseccos und Obstweine. Besonders beliebt sind alkoholfreie Cocktails. Das Herz der Produkte bilden alte Obstsorten, die durch besondere innere Wertigkeit beeindrucken. Bei den Birnensorten wie »Champagner Bratbirne«, »Oberösterreicher Weinbirne«, »Grüne Jagdbirne« und »Karcherbirne« sind es die Gerbstoffe, bei den Apfelsorten »Hauxapfel«, »Börtlinger Weinapfel« und »Gewürzluiken« die Fruchtsäuren, die den gesundheitlichen Wert der Produkte ausmachen. Für gute Qualität erhalten die Obstanbauer in der Manufaktur Jörg Geiger auch einen angemessenen Preis. So liegt der Auszahlungspreis für »Champagner Bratbirnen« anstatt der sonst üblichen fünf bis acht Euro je 100 Kilo bei 40 bis 49 Euro. Damit kann der Streuobstbau wieder attraktiv werden und die Pflege der Bäume wird angemessen belohnt. Die Manufaktur Jörg Geiger zählt zu den wegweisenden Pionieren für eine qualitativ hochwertige Verwertung des Obstes im Streuobstparadies.

Angeregt durch die hohe Qualität der Produkte aus alten Obstsorten haben vier Obstkeltereien der Region die Interessengemeinschaft »Qualitäts-Obstwein-Offensive« ins Leben gerufen. Die von ihnen hergestellten sortenreinen Qualitäts-Obstweine werden von der Staatlichen Lehr- und Versuchsanstalt in Weinsberg geprüft. Erst dann erhalten sie die kennzeichnende Kapsel mit dem steigenden Löwen als Qualitätssiegel. Verarbeitet wird ausschließlich ausgesuchte Rohware aus heimischen Streuobstbeständen, die feine Aromen entwickeln. Durch schonende Kalt-Vergärung ohne Zuckerzusatz werden die wertgebenden Inhaltsstoffe geschont und das Aroma erhalten.

Blick über die Hohenstaufener Obstwiesen zu Hohenrechberg und Stuifen.

Gespräch mit Jörg Geiger
Schlat bei Göppingen

Herr Geiger, was zeichnet Ihre Manufaktur aus?

»Wir verwenden alte Apfel- und Birnensorten, die aus dem Vogelschutzgebiet der Streuobstwiesen im Albvorland kommen. Alte Sorten haben mehr innere Wertigkeit, das heißt mehr Oechsle, mehr Aroma, mehr Säure. Und das ist die Basis, um ein herausragendes Produkt zu machen. Wir nutzen also die Geschmacksnuancen, die bis auf den heutigen Tag in unserer alten Kulturlandschaft der Streuobstwiesen mit ihren alten Obstsorten verborgen sind.«

Und wie schmeckt nun die berühmte »Champagner Bratbirne«?

»Sie schmeckt, wenn Sie reinbeißen, räß, also adstringierend. Sie merken beim Biss in die Birne, wie es nach drei bis fünf Sekunden auf einmal ›des Göschle‹ (den Mund) zusammenzieht. Die Steigerung ist die ›Grüne Jagdbirne‹, die hat dann so viele Gerbstoffe, dass man es sofort vorne an den Zähnen spürt. Also, wer nicht weiß, was der Schwabe meint, wenn er sagt: ›Des isch räß‹, der muss in eine ›Champagner Bratbirne‹ beißen. Wir brauchen die Gerbstoffe, sie sind das Rückgrat der Birne. Sie halten die Gärung geradlinig, die Fruchtbetonung bleibt erhalten. Deshalb sind uns die Gerbstoffe so wichtig.«

Woher kommen die besonderen inneren Werte Ihrer Früchte aus den Streuobstwiesen?

»Wir setzen ganz traditionell auf stark wachsende Unterlagen, das heißt auf Unterlagen, die mehrere Meter tief wurzeln und dann die Früchte später in der Krone auch entsprechend gut versorgen. Wir haben mehr Aroma und mehr Intensität in den Früchten. Das ist für uns als Manufaktur natürlich das ganz entscheidende Kriterium.«

Gespräch mit August Kottmann
Bad Ditzenbach-Gosbach

Wie vermitteln Sie Ihre Heimat und das, was Ihnen hier am Herzen liegt?

»In der Betrachtung und der sinnlichen Wahrnehmung. Für mich ist das immer zuerst ein persönliches Dazulernen – man lernt seine eigene Geschichte und sein Umfeld anders kennen, wenn man sie anderen mitteilen muss. Sonst lebt man sie ja ›nur‹, und nur im Heute. Das Ganze geht aber 200 oder 300 Jahre zurück! Unser Kulturgut gab's ja damals auch schon. Und mit dem entsprechenden Mitteilungsbedürfnis kann ich andere daran teilhaben lassen. Erzählen kann ich aber auch über den Genuss, wenn wir draußen das Büfett anrichten – und die Leute stehen nicht mehr vom Tisch auf, selbst wenn sie aus der Umgebung sind!
Dinge, die jeden Tag selbstverständlich sind, kann ich aus einem anderen Blickwinkel erleben lassen. Dazu kommt nun der Apfel, sei es beim Ansetzen der Soße mit Most oder Zieräpfel als Dekoration, und die Heidekräuter, wie Thymian. Als Aperitif gibt es bei uns natürlich Apfelsecco, und als Begleitgetränk Most!«

Es ist faszinierend, wie Sie mit dem Aroma umgehen, sowohl in flüssiger als auch in fester Form. Wie kommen die Aromen ins Haus, was macht sie aus?

»Vielleicht liegt das an meinem Erstberuf. Ich bin gelernter Landwirt. Für die Jahreszeiten mit ihren wechselnden sinnlichen Eindrücken hatte ich schon immer eine Schwäche. Und für mich persönlich war es immer ein Thema: Wie kann ich anderen eine Freude machen über Hunger und Durst hinaus? Aber ich hatte mir eigentlich nie träumen lassen, dass ich einmal Koch werde. Ich wusste bis Mitte 20 auch gar nicht, dass ich dieses Gefühl für Aromen habe.

Das Destillieren kam dazu: Ich vertrage zwar wenig Alkohol, aber die Mystik einer Brennerei und die Vielfalt, mit der Natur zu Geschmack und Geruch verwandelt werden kann, hat mich schon immer fasziniert.

Innovationen habe ich aber immer hier in der Umgebung gesucht, nicht in der ausländischen Küche. Du musst zuerst dein Fundament in der Natur finden, mit den Gummistiefeln rausgehen und den Jahreskreislauf begreifen.

Ich kann mit den vielen Aromen ein Bild der Streuobstwiese malen wie ein Maler, oder komponieren wie ein Musiker. Über die Aromen kann ich jemandem den Reichtum unserer Landschaft mitteilen. Wenn ich die Aromen rieche und schmecke, sehe ich im Geist das passende Menü dazu.«

Unweit von Schlat liegt das Filstal. Im Bad Ditzenbacher Ortsteil Gosbach betreibt August Kottmann mit seiner Frau Monika und dem Sohn Andreas das seit 200 Jahren in Familienbesitz befindliche »Gasthaus Hirsch« mit Feindestillerie. Die international ausgezeichneten Küchenmeister haben sich den unterschiedlichsten »Rohstoffen« der umgebenden Natur verschrieben und zaubern daraus kulinarische Genüsse. Neben den Früchten der Streuobstbäume und der sie umgebenden Wiesen und Hecken gehören dazu auch die Tiere des Waldes, der Bäche und der Weiden. Wer August Kottmann kennenlernt, bemerkt schnell seine große Begeisterung für eine besondere Form des Aromas: das Destillat. Er versteht es wie kaum ein anderer, die

Aromen der unterschiedlichsten Früchte mit Hilfe des Brennkessels in einem Edeldestillat zu konservieren. Die Destillate sind für ihn unerlässliche Aromaträger in der Küche. In seinem schon legendären Destillatmenü wird zu den aufgetragenen Speisen das hierzu passende Destillat gereicht. Im Gaumen vereinen sich die Aromen der Speise mit den korrespondierenden Aromen des Destillats zu einer sanften Explosion des Geschmacks.

Wer ihm zuhört, spürt seine Liebe und leidenschaftliche Verbundenheit zur Natur der Schwäbischen Alb. Dass diese Verbundenheit höchst ansteckend ist, erkennt man an der liebevollen Dekoration der Gaststube durch seine Frau Monika. Hier wird Behaglichkeit gelebt und der Gast steht im Mittelpunkt.

Kottmanns ganzer Stolz! Vorhergehende Doppelseite: Herbstlicher Morgennebel im Albvorland.

Vom Schönbuch zum Zwetschgengäu

Kayh vor der Blauen Mauer der Schwäbischen Alb. Gegenüberliegende Seite: Die A 81 zerschneidet südlich des Schönbuchtunnels die Streuobstlandschaft.

Die Region Böblingen gehört zwar nicht mehr zum Naturraum der Schwäbischen Alb, ragt aber mit den westlichen Ausläufern des Schönbuches und Teilen des Gäus ins Gebiet des Schwäbischen Streuobstparadieses. Naturlandschaften wie der Naturpark Schönbuch mit den Gemeinden auf der Schönbuchlichtung und dem Gäu bei Herrenberg werden außerhalb des Walds von Streuobstwiesen geprägt. Um Herrenberg und besonders die Stadtteile Kayh, Mönchberg und Gültstein hat sich die Zwetschge vor den Birnen, Kirschen und Äpfeln einen besonderen Stellenwert erobert. Als »blaues Gold vom Gäu« beherrscht sie hier wie in keiner anderen Region des Streuobstparadieses den Obstbau. Lange Zeit war die

Hauszwetschge – eine spätreifende Sorte mit hervorragendem Geschmack und besonders vielseitigen Verwertungsmöglichkeiten – die bestimmende Sorte. Weit über die regionalen Grenzen hinaus haben sich die »Herrenberger Gäuzwetschgen« bis nach Hamburg einen hervorragenden Ruf erworben. Ursprünglich an großkronigen Bäumen erzogen, werden heute überwiegend niederkronige Bäume gepflanzt, um wenigstens ansatzweise eine wirtschaftliche Ernte zu ermöglichen.

Noch vor einhundert Jahren war die Zwetschge im Schwäbischen Streuobstparadies nach dem Apfel die am stärksten verbreitete Fruchtart. Mit dem Rückgang des Dörrens ließ auch das Interesse an den Zwetschgen nach. Da im Herrenberger Raum die Erfassungs- und Vermarktungsstellen für Tafelzwetschgen nach ganz Europa angesiedelt waren, war der Absatz in dieser Region gesichert und es wurden zwischen 1920 und 1960 viele Zwetschgenbäume gepflanzt. Die Anbauflächen wanderten aber von den steilen Hängen herunter auf die Ebene. Walnüsse und Kirschen übernahmen an den Steilhängen den Platz der Zwetschgen. Die hohen Marktanforderungen nach Fruchtgröße, Wurmfreiheit und Qualität benötigen damals wie heute eine höhere Pflegeintensität. Schnitt, Pflanzenschutz, Düngung und Handpflücke waren und sind Voraussetzung für vermarktungsfähige Ware. Niedere Baumformen wie Spindel oder Tellerkrone werden deshalb dem Hochstamm vorgezogen.

Zu Beginn der 80er-Jahre des vergangenen Jahrhunderts hatten lokale Auslesen mit den Bezeichnungen »Typ Schüfer« oder »Typ Meschenmoser« die Qualität der Sorte »Hauszwetschge« maßgeblich verbessert. Doch die hohe Anfälligkeit der »Hauszwetschge« für die Scharka-Krankheit, eine Virus-Erkrankung des Steinobstes, hat den Anbau der Zwetschge stark bedroht.

🍐 Gespräch mit »Mostprofessor« Manfred Walz
Sindelfingen-Darmsheim

Wieso nennt man Sie hier den »Mostprofessor«?
»Weil ich schon mein Leben lang einen guten Most möchte. Mein Großvater hat das vor 120, 130 Jahren alles schon so gemacht, was ich heute mache. Mit den primitivsten Materialien! Aber mein Großvater hatte eine eigene Moste und eigene Mahle. Eine Generation wurde übersprungen: Mein Vater durfte für meine Mutter keinen Birnbaum pflanzen. Denn von Birnenmost wird man dumm, hieß es früher. Ich selbst durfte erst einen Birnbaum pflanzen, als die Wiese mir gehörte. Da war die Mutter dagegen.
Nur eine gesunde Rohware von einem gesunden Baum kann ein gesundes Endprodukt ergeben. Das ist die erste Hälfte. Die zweite ist die Verarbeitung: Da habe ich mich auch reingekniet.

Als »Mostprofessor« haben Sie sich einen Namen geschaffen. Wie sind Sie zum Obstbau gekommen?
»Ich habe vor 45 Jahren (1969) gebaut, hatte einen großen Acker, der wurde von den Landwirten bewirtschaftet, den Mähdrescher musste ich bezahlen, und in der Mühle bekam man vielleicht 20, 30 Mark und ich musste einen halben Tag hinstehen. Das lohnte sich nicht, denn ich hatte keine eigenen landwirtschaftlichen Geräte. Und dann pflanzte ich ringsum eine Ligusterhecke als Wind- und Sichtschutz – auch für die Vögel und Kleintiere – und bin in die ehemalige Baumschule Beutelspacher in Magstadt. Beutelspacher leitete mich auf dem Grundstück an, wie und wo ich die Baumlöcher zu graben und die Bäume zu pflanzen hatte und riet mir zu einem Anfängerschnittkurs bei Fachberater Manfred Pusch in Herrenberg. Es war der entscheidende Moment, der mich dahin gebracht hat, wo ich heute bin.«

Erst die Züchtung von scharkatoleranten Sorten durch Dr. Walter Hartmann an der Universität Hohenheim gab dem Zwetschgenanbau wieder eine Zukunft. Heute ist die erste gegen Scharka resistente Sorte »Jojo« der Hoffnungsträger für die »Herrenberger Gäuzwetschge«.

Sie kommt dem Geschmack der »Hauszwetschge« zwar nahe, erreicht ihn aber nicht gänzlich. Deshalb sind derzeit neue Sorten in der Testung, die die robusten Eigenschaften von »Jojo« mit den geschmacklichen Qualitäten der Hauszwetschge verbinden.

Emsiges Treiben in der Mönchberger Obstannahme.

Hauszwetschgen bestimmten über lange Zeit den Zwetschgenmarkt, heute werden sie von neuen Sorten abgelöst.

Als größter Arbeitgeber des Südwestens hat die Daimler AG einen besonderen Einfluss auf Mensch und Kultur der Region Böblingen. Dieser Einfluss ist bis in die Streuobstwiesen spürbar, denn hier beherrschen nicht wie andernorts üblich die älteren Traktoren das Leben in den Obstwiesen, sondern die Fahrzeuge mit dem Stern. Sie eignen sich nicht nur für weite Autobahnfahrten, auch der Transport von Leitern, Mähern und Erntekisten zum »Gütle« und mit gefüllten Obstsäcken wieder zurück in die Mosterei wird hier mit »dem Daimler« als Zugfahrzeug erledigt.

Als größtes zusammenhängendes Waldgebiet im Ballungsraum des Mittleren Neckars ist der Schönbuch schon seit vielen Generationen ein äußerst beliebtes Naherholungsgebiet für Wanderer, Spaziergänger und Radfahrer. Er liegt als ältester Naturpark Baden-Württembergs im Keuperbergland, das wiederum Teil des Südwestdeutschen Schichtstufenlands ist. Als wildreichster Forst des Landes war er das Lieblingsrevier der württembergischen Grafen und Herzöge. Die intensive Waldnutzung und der hohe Wildverbiss führten dazu, dass der Schönbuch vor

etwa 200 Jahren kaum noch als Wald zu erkennen war. Erst gegen Ende des 19. Jahrhunderts erholte er sich nach der planmäßigen Wiederaufforstung unter König Wilhelm I. von Württemberg wieder. Heute führen nur wenige befahrbare Straßen durch den Schönbuch, sodass er zu ausgedehnten Wanderungen in herrlicher Waldlandschaft einlädt. Als Sitz und Informationszentrum des Naturparks dient das ehemalige Zisterzienserkloster Bebenhausen, das im 19. Jahrhundert teilweise zum Jagdschloss der württembergischen Könige umgebaut wurde.

Zwischen Böblingen und dem Schönbuch liegen in einer sanft hügeligen und geradezu lieblichen Landschaft die Orte Weil im Schönbuch, Waldenbuch, Schönaich und Holzgerlingen. Auf dieser großen Schönbuchlichtung prägen die Streuobstwiesen das Landschaftsbild und wirken wie eine Oase der Ruhe für die von hektischer Betriebsamkeit geplagten Stadtbewohner. Etliche Mostbesen laden zur Einkehr ein. Zwischen den Obstbäumen finden sich immer mehr Holzlagerplätze, auf denen das Holz aus dem nahe gelegenen Wald verarbeitet wird.

Gespräch mit Mira Schwarz

1. Streuobstkönigin im Landkreis Böblingen
(links im Bild)

Was bringt Sie im zarten Alter von 19 Jahren zur Streuobstkönigin?

»Das war mein Vater Erich Schwarz! Er ist hier in Mönchberg im Obst- und Gartenbauverein und überredete mich. Und nun ist er sehr stolz auf mich. Bei der Wahl hatte das Landratsamt eigentlich mit mehr Bewerbungen gerechnet; eingegangen sind drei. Es wurde auch nicht viel Werbung gemacht; ich habe es nur durch meinen Vater erfahren. Ja, und dann bin ich's geworden!«

Was qualifiziert Sie für das Amt?

»Ich bin hier in Mönchberg aufgewachsen und war von klein auf bei der Apfel- und Zwetschgenernte dabei. Meine Schwestern und ich verkaufen heute noch Kirschen. Für die Zwetschgen muss ich eine Woche Urlaub nehmen – da stehe ich von morgens bis abends auf der Leiter! Ich wusste also schon immer, dass es viel Arbeit

ist. Aber ich sehe das Ganze: Die Streuobstwiese ist Heimat für viele Tiere und Pflanzen, und ich schätze auch die schöne Baumlandschaft als Erholungsort sehr. Das möchte ich den Menschen vermitteln. Und dass sie mal schauen, woher ihr Obst kommt!

Unser Streuobst gibt es überall – beim Erzeuger und auf den Wochenmärkten oder auch in einigen Supermärkten. Hier im Gäu gibt es seit kurzem die Regionalmarke »HEIMAT«. Für die produziert zum Beispiel eine Gemeinschaft aus sechs Streuobsterzeugern einen feinen Birnensecco aus der ›Oberösterreicher Weinbirne‹.«

Also haben Sie nicht das Gefühl, dass das Wissen um die Streuobstwiesen verloren geht?

»Ich denke, hier bei uns geht nichts verloren. Sicher ist das nicht für jeden in meinem Alter interessant, aber in meinem Umfeld haben alle damit zu tun. Dafür stehe ich auch, ich will das weitergeben: Ich denke, es ist eine gute Botschaft, dass mich das in meinem Alter interessiert.«

ERLEBEN
UND GENIESSEN

Lehrpfade und Museen

Um die abwechslungsreiche Landschaft entlang des Albtraufs mit Streuobstwiesen, Aussichtsbergen und der Blauen Mauer der Schwäbischen Alb erleben und genießen zu können, bedarf es nur weniger Erläuterungen. Hier genügen Augen, Herz und Sinne. Besonders intensiv erfassen Wanderer oder Radfahrer das Landschaftserlebnis.

Im Gegensatz zu Moorgebieten und Bannwäldern sind Streuobstwiesen erst durch die Kultivierung des Menschen entstanden. Mit den Weinbergen und den Wacholderheiden zählen sie zu den Kulturland-

schaften, die nur durch die Fortsetzung der bisher praktizierten Kultivierungsmaßnahmen erhalten werden können. Zu den wichtigsten Erhaltungsmaßnahmen in Streuobstwiesen zählen der Baumschnitt, die Wiesenpflege und die Obstverwertung. Weitere interessante Aspekte wie die Obstarten und -sorten, die Imkerei mit Blütenbiologie und der Naturschutz kommen hinzu. In Weinbauregionen sind Geologie und Bodenkunde sowie der Bau von Natursteinmauern bedeutend.

Diese und viele weitere Informationen sind in den verschiedensten Lehrpfaden für den Besucher leicht verständlich erläutert. Lehrpfade sind damit der Schlüssel zum Verständnis dieser Kulturlandschaften. Einige von ihnen werden hier vorgestellt.

Bedeutende Lehrpfade im Schwäbischen Streuobstparadies

Natur- und Kulturlehrpfad Limburg bei Weilheim an der Teck | Um den Weilheimer Hausberg Limburg führt der Lehrpfad auf drei Kilometern durch herrliche Streuobstwiesen und informiert über naturwissenschaftliche, kulturhistorische und ökologische Zusammenhänge.

Obst- und Waldlehrpfad Unterlenningen | Vom Sportgelände Bühl aus informiert dieser Lehrpfad auf drei Kilometern über den Streuobstbau und viele Baumarten.

Obstlehrpfad des Obst- und Gartenbauvereins Frickenhausen | Lehrtafeln informieren auf zweieinhalb Kilometern Länge über Obstsorten der Region.

Historische Erntekörbe im Glemser Obstbaumuseum. Gegenüberliegende Seite: Am Panoramaweg des Mössinger Netzwerkes Streuobst.

Karten helfen dem Spaziergänger bei der Orientierung.

Walnuss-Lehrpfad Aichelberg | Der seit über 20 Jahren bestehende Lehrpfad ist erst jüngst durch neue Sorten ergänzt worden.

Wildobst-Lehrpfad Gammelshausen-Dürnau | Vor 40 Jahren angelegt, ist er der älteste Lehrpfad der Region.

Naturerlebnispfad »Streuobst – Natur aktiv« des Naturschutzbunds (NABU) Metzingen in Metzingen-Neuhausen | Besucher erfahren viel Wissenswertes über Naturschutzthemen in Streuobstwiesen.

Kirschenlehrpfad der Gemeinde Dettingen an der Erms | Dieser Lehrpfad mit etwa 50 regional bedeutenden Kirschensorten führt über herrliche Streuobstwiesen von Dettingen nach Metzingen-Glems. In Glems bietet sich ein Besuch des Obstbaumuseums und des Birnenlehrpfades an.

Ermstal-Obstradweg der IG Ermstalobst | Auf einer Länge von 65 Kilometern durch die Streuobstwiesen des Ermstales locken viele Stationen und Hinweise auf regionale Anbieter.

Panoramaweg des Netzwerks Streuobst in Mössingen | Vom Schützenhaus geht es auf zwei Kilometern durch die Mössinger Streuobstwiesen.

Naturparcours Ergenzingen | Immer der Eule folgend, informiert dieser Weg auf vier Kilometern über spannende Naturthemen.

Wein-, Obst- und Naturlehrpfad Wurmlingen-Hirschau | Dieser Lehrpfad umrundet auf zwei Kilometern Länge in halber Höhe die Wurmlinger Kapelle.

Streuobstlehrpfad »Alte Obstsorten im Zollernalbkreis« in Geislingen-Erlaheim | Dieser Lehrpfad informiert in herrlicher Landschaft mit weiten Ausblicken auf einer Strecke von zwei Kilometern über alte

Das Freilicht-museum Beuren liegt inmitten herrlicher Streuobstwiesen.

Obstsorten und deren Verwendung. Zwei interaktive Stationen für Kinder bilden die Verbindung zum Natur-pfad Geislingen.

Zahlreiche Museen im Schwäbischen Streuobstparadies haben sich dem Obst- und Weinbau verschrieben und laden dazu ein, in ihre Kulturgeschichte einzutauchen. Hier werden viele Gegenstände, Maschinen und Geräte ausgestellt und erläutert, die jahrzehntelang in Scheunen und Dachböden ein vergessenes Dasein fristen mussten. Für Jung und Alt bieten diese Museen spannende Infor-mationen und helfen dabei, frühere Handwerkstechni-ken wieder erlebbar zu machen.

⚘ Museen mit obstbaulichem Bezug im Schwäbischen Streuobstparadies

Obstbaumuseum Glems | Die alte Kelter von Glems beheimatet ein sehr lebendiges Obstbaumuseum. Eberbergstraße 24, 72555 Metzingen-Glems, Telefon (0 71 23) 1 56 53.

Weinbaumuseum Metzingen | In einer der sie-ben Keltern in der Metzinger Innenstadt informiert das Weinbaumuseum über Anbau und Geschichte des Weinbaues. Keltern-Platz, Am Klosterhof 6, 72555 Metzingen, Telefon (0 71 23) 9 61-7 91, www.weinbaumuseum-metzingen.de

Freilichtmuseum Beuren | Viele historische Gebäude aus dem mittleren Neckarraum und der Schwäbischen Alb laden zum Eintauchen in die Vergangenheit ein. Das Freilichtmuseum liegt inmitten von Streuobstwie-sen und macht die frühere Lebensweise in dieser Region erlebbar. In den Herbstwiesen, 72660 Beuren, Telefon (0 70 25) 9 11 90-90, www.freilichtmuseum-beuren.de

Zentralobstgarten Mähringen | Letzte Reste des 1861 von Eduard Lucas angelegten Mustergartens für Apfel- und Birnensorten sind heute mit Neupflan-zungen und Sortentafeln ergänzt. Kontakt: Gemeinde Kusterdingen, Telefon (0 70 71) 13 08 44, E-Mail: cfalkenberg@kusterdingen.de

Wanderungen und Aussichtspunkte

Nur wenige Landschaften Mitteleuropas bieten eine vergleichbare Vielfalt an Natur- und Kulturerlebnissen wie das Schwäbische Streuobstparadies. Deutschlands Wanderexperte Manuel Andrack hat seine Erlebnisse in folgende Worte gefasst: *»Ich bin schon oft auf sehr schönen Wegen im deutschen Mittelgebirge gewandert. Aber die Traufgänge im Herzen der Schwäbischen Alb lassen mich immer wieder mit offenem Mund staunen. Diese Traufkante! Diese Aus-Blicke! Diese Heidelandschaften! Diese Felsen! Sensationell, spektakulär.«* (Wandermagazin Schwäbische Alb 2013, S. 7)

Auf dem Premiumweg »Dreifürstensteig« bei Mössingen. Gegenüberliegende Seite: Herrliche Ausblicke entlang der Traufkante am Albsteig und dem Gustav-Ströhmfeld-Weg.

Aus dem dichten und bestens markierten Wanderwegenetz des Schwäbischen Albvereins haben sich einige spektakuläre Routen hervorgetan, die besondere Erlebnisse bieten. Großer Beliebtheit erfreuen sich die Qualitätswanderwege und die Premiumwanderwege. Erstere werden vom Deutschen Wanderverband zertifiziert. Die zertifizierten Wege müssen hohen Qualitätskriterien entsprechen. Mindestens 35 Prozent der Gesamtstrecke muss auf naturbelassenem Untergrund verlaufen, die Wegweisung muss übersichtlich sein und Naturattraktionen wie Aussichtspunkte am Weg enthalten.

Premiumwege müssen den noch strengeren Kriterien des Deutschen Wandersiegels entsprechen. Diese Kriterien orientieren sich eng an den Wünschen moderner Wandergäste. Eine hohe Naturerlebnisdichte mit abwechslungsreicher Streckenführung ist oberste Priorität. Die Wege müssen so markiert sein, dass sich die Benutzung einer Karte erübrigt. Die Teerpassagen dürfen hier einen Streckenanteil von 15 Prozent nicht übersteigen.

✿ Qualifizierte Wanderwege

Der Albsteig | Zum ersten und damit ältesten Hauptwanderweg des Schwäbischen Albvereins zählt der HW1, auch als Schwäbischer-Alb-Nordrandweg bekannt. Mit seiner mehr als 100-jährigen Tradition ist er ein Klassiker unter den deutschen Fernwanderwegen. Er führt als »Albsteig« auf insgesamt 15 Etappen und 350 Kilometern von Tuttlingen bis Donauwörth und durch das gesamte Streuobstparadies. Als einer der »Top Trails of Germany« gehört er offiziell zu den schönsten Wanderwegen Deutschlands. Auf überwiegend natur-

belassenen Pfaden führt er über weite Strecken an der Traufkante entlang und bietet atemberaubende Ausblicke an Felsabbrüchen weit in die Landschaft des Albvorlandes. Vorbei an großartigen Aussichtsbergen wie dem Ipf, dem Rossberg, dem Dreifürstenstein und dem Lochenstein führt er zu den exponierten Burgen Teck, Hohenneuffen, Hohenzollern und Schloss Lichtenstein. Weitere Höhepunkte sind das Randecker Maar und der Uracher Wasserfall sowie der Lemberg zwischen Balingen und Tuttlingen, mit 1015 Meter der höchste Berg der Schwäbischen Alb. An klaren Tagen bietet Letzterer eine Fernsicht bis zu den Alpen. Für derart viele Superlative braucht es natürlich etwas Zeit. Nur geübte Wanderer schaffen den gesamten Weg in 15 Tagesetappen. Wer gerne gemütliche Pausen einlegt und auf den Genuss der Landschaft besonderen Wert legt, sollte sich lieber 20 bis 25 Tage vornehmen, am besten verteilt auf verschiedene Jahreszeiten.

Daten und Fakten:
Start: Tuttlingen oder Donauwörth.
Länge: zirka 350 km.
Gehzeit: 15 Tagesetappen.
Wegmarkierung: rotes Dreieck.
Informationen: www.albsteig.com

Der Donau-Zollernalb-Weg | Dieser Prädikatswanderweg liegt am südwestlichen Rand des Streuobstparadieses und verbindet das herrliche Donautal mit der Region der zehn Tausender. Er startet am Kloster Beuron im Naturpark Obere Donau und führt durch das romantische Donautal über Sigmaringen und Gammertingen auf die Albhochfläche. Über Albstadt und Meßstetten geht es weiter zu den über Balingen aufragenden Bergen Gräbelesberg, Hörnle, Lochen und Plettenberg zum Lemberg. Auf dem Donauberglandweg führt er wieder zurück nach Beuron. Wem die zehn Etappen mit mehr als 160 Kilometer zu lang sind, sei die Etappe von Meßstetten bis Schömberg empfohlen. Über Wacholderheiden und bunt blühende Bergwiesen führt diese Etappe in acht Stunden zu den einzigartigen Aussichtsbergen über Balingen mit Blick über die Burg Hohenzollern bis zum Fernsehturm in Stuttgart. Nach steilem Abstieg endet sie mit einem Bad im Schömberger Stausee.

Daten und Fakten:
Start/Ziel: Kloster Beuron im Donautal.
Länge: 160 km.
Gehzeit: 10 Tagesetappen.
Wegmarkierung: blau-grüner Kreis.
Informationen: www.wandern-suedwestalb.de

Der Gustav-Ströhmfeld-Weg | Als einer der schönsten Wanderwege der Mittleren Schwäbischen Alb bietet der Gustav-Ströhmfeld-Weg einen einzigartigen landschaftlichen Eindruck über das Schwäbische Streuobstparadies. Er wurde nach dem ersten Ehrenwegmeister des Schwäbischen Albvereins benannt und beginnt in Metzingen. Über die Metzinger Weinberge und den Floriansberg führt er nach Kohlberg. Dort beginnt der Aufstieg auf den Jusi, einem der größten Vulkanschlote der Region. Der anstrengende Aufstieg wird durch einzigartige Weitblicke in die Landschaft belohnt. Der Blick reicht von den Reutlinger Bergen über die Burg Hohenneuffen bis zu den Stauferbergen bei Göppingen. Unterwegs informieren Tafeln über geologische, landeskundliche und historische Themen. Zwischen dem tief eingeschnittenen Ermstal und dem Neuffener Tal geht es in lebhaftem Auf und Ab dem Höhenrücken entlang bis zur Karlslinde. Nun weitet sich der Blick und mit grandiosen Ausblicken über die Streuobstlandschaft entlang der Kante des Albtraufs führt der Weg zur Burg Hohenneuffen. Von dort bietet sich ein herrlicher Blick über die Kulturlandschaft mit Streuobstwiesen und Weinbergen sowie dem Landschaftsbild der Schwäbischen Alb. Nach kurzem Abstieg ist Neuffen schnell erreicht.

Daten und Fakten:
Start: Metzingen, Ziel: Neuffen.
Länge: 22 km.
Gehzeit: 6 bis 7 Stunden.
Wegmarkierung: Ammonit aus der Jurazeit.

Gegenüberliegende Seite: An den schönsten Aussichtspunkten, wie hier auf dem Hohenstaufen, laden Ruheliegen zum Genießen ein.

Gegenüberliegende Seite: Fröhliche Kinder auf fruchtigen Pfaden.

Der Schwäbische Whisky-Walk | Der Schwäbische Whisky-Walk ist zwar kein zertifizierter Wanderweg, aber eine äußerst pfiffige Idee, um das Naturerlebnis in der Streuobstlandschaft mit den Produkten der Region zu verbinden. Eine fachkundige Whisky-Botschafterin lädt zu einer Erlebnistour durch die Landschaft vorbei an drei Owener Whiskybrennereien ein. Ausgangspunkt ist der Bahnhof Owen. Wer möchte, kann im Anschluss ein Whisky-Menü einnehmen und bei einem Biosphärengastgeber übernachten.

Daten und Fakten:
Start/Ziel: Bahnhof Owen.
Länge: 4,5 km.
Gehzeit: 5 bis 6 Stunden inklusive Führung und Degustation.
Informationen: www.whisky-walk.de

 Premiumwege

Der Mössinger Dreifürstensteig | Der Kombination von ausgedehnten Streuobstwiesen mit dem markanten Steilabfall der Schwäbischen Alb verdankt das Gebiet um Mössingen den Beinamen »Früchtetrauf«. Als derzeit einziger Premiumwanderweg mit dem Themenschwerpunkt »Streuobst« führt der Dreifürstensteig über idyllische Streuobstwiesen hinauf zum sagenumwobenen Dreifürstenstein. Ein Stein markiert die Grenze der früheren Fürstentümer Fürstenberg, Hohenzollern und Württemberg. Der herrliche Ausblick schweift über die Burg Hohenzollern und die Zollernalb bis zur Wurmlinger Kapelle und dem Schönbuch-Westhang. Unmittelbar am Trauf führt der Weg entlang des HW1 zum Mössinger Bergrutsch und weiter über lichte Buchenwälder zum Panoramaweg Streuobst.

Daten und Fakten:
Start/Ziel: Wanderparkplatz Olgahöhe bei Mössingen.
Länge: 13,3 km.
Gehzeit: 4 bis 5 Stunden.
Wegmarkierung: roter Apfel, Zuwege: grüner Apfel.
Informationen: www.dreifuerstensteig.de

Zollernburg-Panorama | Unter den insgesamt neun Traufgängen von Albstadt – den ersten Premiumwegen der Schwäbischen Alb – bietet die Tour »Zollernburg-Panorama« Ausblicke auf die Streuobstlandschaft der Zollernalb und zählt zu den schönsten Wanderwegen Deutschlands. Das verspricht Natur- und Landschaftserlebnis der Spitzenklasse. Durch lichtdurchflutete Buchenwälder und schroffe Felsen öffnet sich immer wieder der Blick auf die Alblandschaft und in die Täler. Eine herrliche Aussicht bis zu den Alpen bietet der Raichberg-Turm. Wie in einem Traum steht vom Zeller Horn die märchenhafte Burg Hohenzollern zum Greifen nahe. Der Blick geht vorbei am Kirchlein Mariazell zu den Streuobstwiesen um den Hechinger Teilort Boll.

Daten und Fakten:
Start/Ziel: Parkplatz Stich bei Albstadt-Onstmettingen.
Länge: 16,8 km.
Gehzeit: zirka 6 Stunden.
Informationen: www.traufgaenge.de

Wasserfall-Steig | Um Bad Urach sind die fünf Premiumwanderwege »Grafensteige« angelegt. Der Wasserfall-Steig hat seinen Ausgangspunkt im Maisental, das von Streuobstwiesen geprägt ist. Entlang der Talwiesen des Brühlbaches führt der Weg am Talschluss über den mit Treppen versehenen Naturpfad zum berühmten Uracher Wasserfall und von dort auf die Albhochfläche zum Fohlenhof des Haupt- und Landgestüts Marbach. Ein Natursteinpfad schlängelt sich hinunter zum romantischen Gütersteiner Wasserfall und über Streuobstwiesen zurück zum Ausgangspunkt.

Daten und Fakten:
Start/Ziel: P 23 im Maisental.
Länge: 9,3 km.
Gehzeit: 3 Stunden.
Informationen: www.badurach-grafensteige.de

Feine Produkte von Obst aus dem Streuobstparadies

Ofenschlupfer mit Vanillesoße – lecker!

Markenzeichen der schwäbischen Streuobstwiesen ist die große Vielfalt an Fruchtarten und -sorten. Entsprechend umfangreich ist das Angebot an Obstprodukten in den Regionen des Schwäbischen Streuobstparadieses. Für jede Fruchtart gibt es unzählige Verwertungsmöglichkeiten. Erprobte und bewährte Rezepte von erfahrenen Hausfrauen

füllen ganze Rezeptbücher, die für jede Frucht und jeden Geschmack das passende Rezept bereithalten. Viele Mostereien, Brennereien und Obstbaubetriebe präsentieren in ihren Hofläden eine überraschend breite Vielfalt an Produkten aus Obst. Und dies nicht nur in flüssiger Form.

Alle Varianten zur Verwertung des Obstes vorzustellen, würde den Rahmen dieses Buches bei Weitem sprengen. Es soll lediglich einen Einblick in die große Produktpalette bieten, die im eigenen Haushalt hergestellt oder von Obstverarbeitern angeboten wird.

Beispielhaft für die überaus große Palette an Verwendungsmöglichkeiten für Obst im eigenen Haushalt wird für jede Fruchtart ein Rezept vorgestellt, das für die Region des Streuobstparadieses typisch ist. Die Rezepte sind jeweils für vier Personen ausgelegt.

🍏 Apfel

Als äußerst beliebte Süßspeise gilt im Streuobstparadies der Ofenschlupfer. Hierfür wird mehrere Tage altes helles Brot mit Äpfeln und Rosinen sowie einer Ei-Milch-Mischung in einer Form gebacken.

Ofenschlupfer
- 4 altbackene Brötchen oder Hefezopf
- 2 säuerliche Äpfel aus der Streuobstwiese
- 1 EL angeröstete Haselnusskerne
- 2 EL Rosinen
- 2 EL Zucker
- 1 Prise Zimt
- 3 Eier
- 1/2 l Milch
- 5 Butterflocken

Schwäbische Spezialität zur Adventszeit: das Hutzel- oder Schnitzbrot.

Altbackene Brötchen in dünne Scheiben schneiden, Äpfel fein schneiden, Haselnüsse grob hacken, Rosinen zugeben. Zucker und Zimt, Ei und Milch verquirlen und über das Ganze geben, einwirken lassen.

Backform (oder auch kleine Portionsförmchen) buttern und Ofenschlupfer-Masse einfüllen. Bei 180 Grad im Ofen goldgelb backen.

(Nach: August Kottmann, »Gasthaus Hirsch« in Bad Ditzenbach-Gosbach)

 Birne

Zur Adventszeit darf in einem schwäbischen Haushalt das Hutzelbrot nicht fehlen. Die im Herbst gedörrten Früchte aus Streuobstwiesen werden zu einem besonders fruchtigen Brot verarbeitet.

Feines Öschinger Schnitzbrot

500 g	gedörrte Palmisch-Birnen (Hutzeln)
300 g	gedörrte Zwetschgen, entsteint
250 g	Apfelringe
250 g	gedörrte Pflaumen, entsteint
200 g	gedörrte Renekloden oder Mirabellen, entsteint (oder Rosinen)

Das Dörrobst weich kochen und in Streifen schneiden. Das Wasser aufbewahren.

250 g	Walnüsse
100 g	Mandeln
100 g	Haselnüsse
250 g	Zucker
125 ml	Rum
1,5 EL	Zimt
0,5 EL	Nelkenpulver
2 EL	Kakao
	Saft von 2 Zitronen

Früchte, Nüsse und die Gewürze mit Zucker und Rum verkneten. Wenn die Masse zu fest ist, etwas Früchtewasser dazugeben. Über Nacht zugedeckt stehen lassen.

1250 g	Mehl
100 g	Hefe
200 g	Butter
2	Eier
1 Prise	Salz
100 g	Zucker
1 EL	Kakao
	Früchtewasser

Eingemachte Kirschen und Weinbrand-Zwetschgen – Köstlichkeiten aus dem Glas.

Hefeteig (mit Vorteig) zubereiten, etwas ruhen lassen, die Früchte zugeben und einarbeiten. Nochmals ruhen lassen. Mit nassen Händen Laibe formen, in Kastenformen füllen und zirka 30 Minuten ruhen lassen. Mit Früchtewasser oder Eigelb bestreichen, mit Nüssen verzieren und auf der untersten Schiene bei 180 Grad 40 Minuten backen.

(Nach: Hildegard Brielmann, Mössingen-Öschingen)

 ### Kirsche

Die Kirsche ist eine sehr vielseitige Frucht. Früher war das Einmachen der Kirschen eine praktische Methode, die Früchte haltbar zu machen.

Kirschen »eimacha« (einwecken)
Kirschen verlesen und waschen, in Einmachgläser füllen.

Für fünf Gläser 3 l Wasser kochen, 700 g Zucker zugeben und etwas abgekühlt über die Kirschen gießen, sodass diese bedeckt sind.

Gläser mit Gummi und Klammer verschließen und auf einem Rost in den Einwecktopf stellen.

Bei 80 Grad zirka 30 Minuten kochen.
(Nach: Brigitte Letsch, Bitz)

Zwetschge

Kein Herbst ohne Zwetschgenkuchen! Frisch gebacken, mit Streuseln bedeckt und noch warm ist er ein Hochgenuss. Obendrauf Schlagsahne – köstlich! Doch es gibt noch viele weitere pfiffige Rezepte. Die pikanten Weinbrand-Zwetschgen schmecken vorzüglich zu herzhaften Fleischgerichten.

Pikante Weinbrand-Zwetschgen

- 1 kg frische Zwetschgen
- 1/3 l Wasser
- 1/3 l Weinbrand oder Cognac
- 5–6 EL Rotweinessig
- 1 Prise Salz
- 250 g Zucker
- 1 Stange Zimt
- 2 Zweige Estragon oder 1 TL getrockneter Estragon
- 1 Knoblauchzehe

Die Zwetschgen werden gewaschen, an einer Seite aufgeschlitzt, sodass beide Hälften noch zusammenhängen, und der Kern entfernt. Aus den angegebenen Zutaten wird ein Sirup bereitet (Estragon fein hacken). Darin lässt man die Früchte etwa 15 Minuten köcheln.

Dann in heiß ausgespülte Einmachgläser füllen, sehr gut verschließen, auf den Kopf stellen und abkühlen lassen.

(Nach: Marie-Luise Schweikert, Mössingen-Talheim)

Walnuss

Besonders begehrt sind Walnüsse zur Zeit der Weihnachtsbäckerei. Gute Sorten sind leicht zu knacken und können ohne Bruch aus der Schale gelöst werden. Unbeschädigte Hälften dienen zur Verzierung des Gebäcks.

Walnuss-Bredla

- 200 g Dinkelmehl Typ 1050
- 50 g Vollkornmehl
- 1 gestr. TL Backpulver
- 100 g Zucker
- 1 Päckchen Vanillezucker
- 4 EL Milch
- 2 Eier
- 100 g Butter
- 200 g gemahlene Walnüsse
-   Walnüsse zum Verzieren

Alle Zutaten zu einem Teig verarbeiten, etwa eine Stunde kalt stellen.

Kleine Mengen auswellen, Plätzchen ausstechen (z. B. kleine Kreise); mit Milch bestreichen und je mit einer Walnusshälfte verzieren. 15 Minuten auf der mittleren Schiene bei 200 Grad backen. Auf einem Kuchengitter abkühlen lassen, in Keksdosen aufbewahren.

(Nach: Marie-Luise Schweikert, Mössingen-Talheim)

Frisch aus dem Ofen schmecken die Walnuss-Bredla am besten.

Quitten-Speck ist eine verlockende Nascherei.

꩜ Quitte

Obwohl die Quitte zur Reifezeit noch sehr hart ist, lassen sich daraus ganz unterschiedliche Produkte herstellen, die sich alle durch das duftige Aroma auszeichnen.

Quitten-Speck und Quitten-Gelee

ca. 2 kg Quitten
Zucker

Quittenspeck ist eine Köstlichkeit für jeden Advents- oder Weihnachtsteller. Er hat darüber hinaus noch die Eigenschaft, ein köstliches Nebenprodukt zu liefern: das Quittengelee!

Quitten abreiben, nicht schälen, vierteln und samt Kerngehäuse in einem Topf mit Wasser bedecken (zirka 1 cm über den Früchten). Weich kochen, bis die Früchte zu Mus zerfallen (zirka 1 ½ bis 2 Stunden).

Alles in ein Tuch geben und über Nacht über einen Topf ablaufen lassen. Aus dem Saft wird nun das Gelee zubereitet. Dabei werden auf 1 l Saft 1 kg Zucker benötigt. Saft und Zucker werden aufgekocht und zum Breitlauf geliert.

Das übrig gebliebene Fruchtmark wird durch ein Haarsieb getrieben und mit gleich viel Zucker zu einem dicken Brei eingekocht. Dieser Brei wird nach etwa einer halben Stunde 1 cm dick auf ein Backblech gestrichen und mit einem Tuch bedeckt. Dann das Blech zum Auskühlen etwa 1 Woche lang an einen kühlen Ort stellen. Die fest gewordene Masse rautenförmig aufschneiden und gut verschlossen aufbewahren.

(Nach: Eva Klingner, Jettenburg)

Fruchtige und spritzige Getränke – feine Produkte von Obst aus dem Streuobstparadies

Apfelsaft | Der weitaus größte Teil des verwerteten Obstes aus den Streuobstwiesen wird zu Apfelsaft verarbeitet. Baden-Württemberg gilt als das Saftland Nummer eins in Deutschland. Etwa 120 Keltereien verarbeiten im Ländle annähernd die Hälfte der jährlich 750 000 Tonnen Äpfel aus Deutschland zu Apfelsaft. Da sich die Preise für Obst aus Streuobst-

wiesen schon seit vielen Jahrzehnten auf einem viel zu niedrigen Niveau bewegen, lohnt sich für viele Obstwiesenbesitzer die Ernte nicht mehr und ein Teil des Obstes bleibt unter den Bäumen liegen. Konzentratimporte aus Polen, Rumänien und China zu billigen Preisen verhindern eine faire Bezahlung für das heimische Mostobst.

Aufpreissaftinitiativen, die für das Obst aus Streuobstwiesen in guter Qualität einen Aufpreis zum tagesüblichen Preis ausbezahlen, schaffen einen finanziellen Anreiz. Über Lieferverträge kann die Herkunft des Obstes bis auf die Obstwiese nachverfolgt werden.

Golden perlt der Saft in die Krüge.

Geistvolle Harmonien aus heimischen Früchten.

So vielfältig wie die Sortenzusammenstellung in den Obstwiesen sind die Aromen der Streuobstsäfte. In sonnigen Jahren enthalten sie mehr Zucker als in regnerischen Jahren und in ertragsarmen Jahren kann das Angebot an Saft auch mal ausgehen. Die natürlichen Einflüsse prägen den Saft, der als Direktsaft naturrein in die Flasche gefüllt wird. Äpfel aus Streuobstwiesen haben ein intensives Aroma, fruchtige Säure und viele wertvolle Inhaltstoffe. Damit heben sie sich sowohl geschmacklich als auch hinsichtlich der inneren Werte von Massenprodukten aus Konzentraten ab. Apfelsaft wird so zu einem wichtigen Bestandteil einer gesundheitsbewussten Ernährung und sein Konsum kommt letztlich wieder den Streuobstwiesen zugute.

Obstmost und Obstwein | Unter Most oder »Moscht« versteht der Schwabe den im eigenen Keller vergorenen Obstsaft aus Äpfeln und Birnen. Seit annähernd zweihundert Jahren wird er im schwäbischen Raum getrunken. Die Liebe zum Most beschreibt der Ausspruch: »Mensch, moinsch maasch Mooscht? Mensch, Mooscht muasch meega!« Dabei gibt es in der Qualität dieses Haustrunks eine große Bandbreite. Ein hochwertiger Most zeichnet sich durch eine klare Flüssigkeit ohne Trub, eine reintönige Farbe und ein fruchtiges Aroma aus.

Der Konsum lag um die Wende zum 20. Jahrhundert bei weit über 2000 Litern je Haushalt. Heute werden nur noch kleinere Mengen verbraucht. Im Gegensatz zur früheren Zeit, als weniger die Qualität, sondern vorrangig die Quantität im Vordergrund stand und der Most noch mit Wasser verdünnt wurde, wird heute großen Wert auf eine hohe Qualität gelegt. So kann mancher mit viel Liebe und Fachwissen selbst hergestellter Most mit einem guten Wein mithalten. Dabei sind die Rezepte sehr vielfältig und individuell. Unerlässlich für die Herstellung eines hochwertigen Mosts ist ein geeigneter Keller. Er sollte nicht zu trocken, gleichmäßig kühl (zwischen 10 und 15 Grad) und dunkel sein. Besonders günstig sind Gewölbekeller mit Naturboden.

Apfel- und Birnenseccos entwickeln sich seit einigen Jahren zu äußerst beliebten Produkten aus Streuobstwiesen und erschließen ganz neue Käuferschichten. Sie sind ideale Begleiter für kleine und große Anlässe. Die ausdrucksstarken Fruchtaromen vermischen sich mit der perlenden Kohlensäure zu einem Zungen- und Gaumenerlebnis der besonderen Art. Mit ihrem niedrigen Alkoholgehalt sind sie sehr bekömmlich und es kann gerne auch mal ein Glas mehr genossen werden.

Für die Herstellung von Perlweinen eignen sich besonders Birnen, Äpfel, Quitten und Kirschen. Aber auch ganz verschiedene Fruchtarten können miteinander gemischt werden. Birnen passen zu Johannisbeere oder Kirsche, Äpfel und Birnen zu Quitte oder Holunder.

Mit der Produktreihe der Priseccos ist es Jörg Geiger aus Schlat bei Göppingen gelungen, alkoholfreie Cocktails aus verschiedensten Obstarten herzustellen. Damit können auch Kinder zu festlichen Anlässen mit den Erwachsenen anstoßen.

Sortenreine Produkte faszinieren durch ihre individuellen Aromen.

Der Most wird sowohl in Holzfässern als auch in Plastikfässern gelagert.

Mit kellertechnischen Verfahren wie Schönung, Klärung und Filtration wird der Most verfeinert, ausgebaut und zu Obstwein geadelt. Die charakteristischen Aromen der unterschiedlichen Sorten werden sortenrein ausgebaut oder zu feinen Cuvées vermählt. So vielfältig wie die Fruchtaromen der Obstsorten sind die daraus entstehenden Obstweine. Wertvolle Inhaltsstoffe aus gesundheitlicher Sicht sind die Gerbstoffe bei Birnen und die Fruchtsäuren bei Äpfeln. Dies hebt die alten Sorten von den heutigen modernen ab.

Perlwein | Viele Obstarten eignen sich hervorragend zur Herstellung von Perlweinen oder Seccos. Hierzu werden Obstweine mit Kohlensäure versetzt und in Flaschen gefüllt. Sie haben einen Alkoholgehalt von mindestens 7 Prozent und einen Kohlensäuredruck von 1 bis 2,5 Bar. Bei größerem Druck (über 3 Bar) wird das Produkt als Schaumwein bezeichnet.

Schaumwein | Laut Lebensmittelrecht sind Schaumweine weinhaltige Getränke in Flaschen, die einen Überdruck durch Kohlensäure von über 3 Bar und einen Alkoholgehalt von mindestens 10 Volumenprozent kennzeichnen. Die Kohlensäure kann zugesetzt sein oder durch Gärung in der Flasche entstehen. Beim traditionellen Flaschengärverfahren wird der Obstwein nach der ersten Gärung in Flaschen gefüllt. Durch Zugabe von Hefe und Zucker kommt es zu einer zweiten Gärung in der Flasche und es entsteht Kohlensäure. Die Kohlensäure wird hierbei aber nicht zugegeben, sondern entsteht auf natürlichem Wege während des Gärprozesses. Dieses Verfahren wird als Méthode champenoise bezeichnet.

Pionier in der Herstellung von Obstschaumweinen ist erneut Jörg Geiger, der bereits 1995 begonnen hat, aus der Obstsorte »Champagner Bratbirne« mittels traditionellem Verfahren einen Schaumwein herzustellen. Er wurde zum Grundstock seiner Manufaktur. Inzwischen haben viele Hersteller den Schaumwein aus Obst als attraktives Produkt in ihr Portfolio aufgenommen.

Feste und Märkte im Streuobstparadies

Regional einkaufen und lokal feiern: Diese Devise steht für das Schwäbische Streuobstparadies. In den Dörfern und Städten werden auf Wochen- oder saisonal stattfindenden Märkten regionale Produkte angeboten, die zum Genießen einladen. Da gibt es Obst und Gemüse der Saison, aber auch Honig, Käse, Wurst, Fleisch und Blumen von lokalen Anbietern. Der Besucher wird von den Düften geleitet und kann viele Produkte probieren. Zwischendurch bleibt genug Zeit für ein Gespräch unter Gleichgesinnten bei einem kleinen Imbiss oder im gemütlichen Café.

Beim Nehrener Kirschblütenfest gibt es Köstliches.

Wochenmärkte laden zum Einkaufsbummel

Viele Städte laden am Samstagvormittag zum Bummel über den Wochenmarkt ein. Lokale Händler und Erzeuger bieten knackige Frische und regionale Qualität an. Bäuerliche Anbieter ergänzen das Angebot mit saisonalen Spezialitäten. Besonders reichlich ist das Angebot in größeren Städten wie Kirchheim unter Teck, Nürtingen, Reutlingen, Tübingen und Balingen. Viele Marktplätze sind von alten Fachwerkhäusern geprägt und vermitteln ein besonderes Einkaufserlebnis. Radfahrer und Wanderer finden für ausgedehnte Touren den richtigen Proviant.

 ## Jährlich wiederkehrende Märkte und Feste

Neben den Wochenmärkten bieten viele Ortschaften besondere Märkte zu den unterschiedlichsten Themen an, die meist zu einem jährlich wiederkehrenden Zeitpunkt stattfinden. Dem Schwerpunkt des Buchs entsprechend werden nur diejenigen Märkte aufgeführt, die einen Bezug zum Streuobstbau oder Garten aufweisen.

Schwäbisches Hanami: paradiesische Blütenträume | Jedes Jahr wird die Zeit der Kirschblüte mit dem traditionellen Hanami-Fest (japanisch: Blüten betrachten) begangen. Millionen von Obstbäumen bilden auch im Schwäbischen Streuobstparadies eine einmalige Kulisse für das Schwäbische Hanami. Es beginnt mit der Kirschblüte, der die Blüte von Zwetschge, Birne und Apfel folgt. Im gesamten Streuobstparadies werden viele Blütenfeste, -wanderungen und andere paradiesische Veranstaltungen geboten, die der Verein Schwäbisches Streuobstparadies in einem übersichtlichen Flyer zusammenstellt (www.streuobstparadies.de).

Kirschblütentag in Weilheim | An einem Sonntag zur Kirschblütenzeit beginnen um 10.30 Uhr geführte Rad-, Bike-, Inliner-, Walking- und Wander-touren durch die Kirschblüte in den Streuobstwiesen (www.stadtmarketing-weilheim.de).

GardenLife in Reutlingen | Gartenlust und Blumenduft lautet das Motto am verlängerten Wochenende um Christi Himmelfahrt in der Pomologie Reutlingen, der ehemaligen Wirkungsstätte von Eduard Lucas. Im herrlichen Ambiente der historischen Parkanlage unter Obstbäumen finden Gartenfreunde Pflanzen, Samen, Gartenmöbel und -werkzeuge sowie verschiedenste Accessoires für den Garten (www.reutlingen-messe.de).

Neigschmeckt-Markt Reutlingen | Dieser Markt wird in der zweiten Julihälfte unter der alten Allee »Planie« in der Reutlinger Oststadt angeboten. Ziel der Veranstalter ist es, das Bewusstsein der Besucher im eigenen Alltag durch regionale und saisonale Ernährung zu sensibilisieren. Es werden ausschließlich regionale Produkte angeboten und mit interessanten Events ergänzt (www.kunstundfeinkost.de).

Kartoffelfest St. Johann | In der einzigartigen Kulisse des Gestütshofs St. Johann unweit von Bad Urach findet mit dem Kartoffelmarkt im Spätsommer einer der schönsten Bauernmärkte der Alb statt. Über fünfzig Direktvermarkter werden unterstützt durch die Biosphärengastgeber, die dem Markt einen kulinarischen Rahmen der besonderen Art geben.

Herrenberger Erntefest | An einem Sonntag im September verwandelt sich die Altstadt von Herrenberg in einen bunten Herbstmarkt. Leckere Speisen und Produkte aus dem Gäu sowie ein Kinderprogramm locken die ganze Familie.

Apfelwoche mit Apfelfest in Mössingen | Am ersten Sonntag im Oktober veranstaltet das Netzwerk Streuobst in Mössingen ein großes Apfelfest auf dem Pausa-Gelände und in der Pausa-Tonnenhalle in Mössingen. Verkaufs- und Infostände werden ergänzt durch ein

Gegenüberliegende Seite: Wochenmärkte bieten regionale Produkte – frischer geht's nimmer!

vielfältiges Kinderprogramm, Vorführungen und einen Regionalmarkt.

In der Woche vor dem Apfelfest greifen viele Mössinger Unternehmen und Einrichtungen, aber auch Schulen, Vereine und die Stadtverwaltung das Thema Streuobst auf. In Bäckereien und Restaurants gibt es Apfelprodukte, viele Betriebe bieten Aktivitäten an und die Schulen veranstalten Apfelprojekte. Ein jährliches Programmheft informiert über die Aktivitäten (www.moessinger-apfelwoche.de).

Biosphärenmarkt Münsingen | Landwirte, Gastwirte, Handwerker und regionale Direktvermarkter veranstalten Anfang Oktober in der Innenstadt von Münsingen einen bunten Markt mit vielen regionalen Anbietern. Sie wollen zeigen, dass sich Geschmack noch lohnt (www.biosphärenmarkt.de).

Goldener Oktober Rottenburg am Neckar | Schlemmen, informieren und einkaufen ist das Motto des Goldenen Oktobers in Rottenburg. Er findet immer am ersten Oktoberwochenende in der historischen Altstadt von Rottenburg in Verbindung mit einem verkaufsoffenen Sonntag und einem Regionalmarkt statt. Neben vielen gewerblichen Angeboten präsentieren die Ortschaften und Vereine ihre Spezialitäten. Dazu zählt selbstverständlich auch der Most (www.wtg-rottenburg.de).

Goldener Herbst auf der Burg Hohenzollern | Am zweiten Oktoberwochenende veranstaltet die Burg Hohenzollern den Goldenen Herbst. Geboten werden regionale Leckereien aus dem Ländle, schwäbische Mundart und regionale Kleinkunst. Ein Kinderprogramm sowie ein kulinarischer Mostbesen runden das Angebot ab. Die Prunkräume der Burg können an diesen Tagen frei erkundet werden (www.burg-hohenzollern.com).

Mostfest im Freilichtmuseum Beuren | Das traditionsreiche Moschtfescht wird jedes Jahr Anfang Oktober angeboten. Ein attraktives Programm um Äpfel, Saft und Most lädt zum Mitmachen ein. Zu den Obstprodukten gibt es regionale Herbstspeisen und Gebackenes aus dem Backhaus. Die Obstsortenschau und eine mobile Brennerei sind weitere Attraktionen (www.mostfest.org).

Das Paradies brennt: hochprozentig erleben und genießen | Ab Herbst geht es im Schwäbischen Streuobstparadies heiß her: Während die Bäume reglos in Wind, Regen und Schnee ausharren, zischt und brodelt es bei den Brennereien. In mühevoller Handarbeit wird den reifen Früchten im Brennkessel der Geist der Streuobstwiese entlockt. Es entstehen feinste Destillate, die auch in den Wintermonaten das Streuobstparadies auf der Zunge zergehen lassen.

Die Brenner im Streuobstparadies begeistern mit ihrer flammenden Leidenschaft für ihre Kunst und bieten zahlreiche Führungen, Verkostungen und abwechslungsreiche Veranstaltungen während der Wintermonate an. Der Verein Schwäbisches Streuobstparadies fasst alle Veranstaltungen in einem Flyer zusammen (www.streuobstparadies.de).

🍎 Feste und Märkte im zweijährigen Turnus

Kirschenfeste | Im zweijährigen Turnus finden Kirschenfeste in Dettingen an der Erms (immer in geraden Jahren) und Nehren (immer in ungeraden Jahren) statt. In traumhafter Lage inmitten von Streuobstwiesen reiht sich das Dettinger Kirschenfest (www.dettingen-erms.de) entlang des Kirschenwegs auf. Das Nehrener Kirschenfest bietet im Kirschenfeld viele Attraktionen und Angebote rund um die Kirsche.

Schlater Apfelfest | Am letzten Sonntag im September von geraden Jahren veranstaltet der Schlater Obstbauverein ein großes Apfelfest mit vielen Attraktionen. Die Obstbauern und Obstverarbeiter aus der Obstbauge-

meinde bieten ihre Produkte an, ergänzt durch kulinarische Stände, eine Obstsortenschau und Kleinkunst (www.apfelfeschd.de).

Streuobstparadies live | Ebenfalls im zweijährigen Turnus, jedoch in den ungeraden Jahren, findet am 3. Oktober in und um die Herrenberger Ortsteile Kayh und Mönchberg das »Streuobstparadies live« statt. An über 60 Veranstaltungsorten wird ein breites Angebot

an Kulinarischem, Kultur und Aktionen angeboten. Ein großes Kinderprogramm bietet viele Attraktionen (www.streuobst-live.de) .

Winzerfest Neuffen | An geraden Jahren lädt Neuffen am dritten September-Wochenende zum Winzerfest rund um die Kelter ein. Der Täleswein kann in allen Varianten gekostet werden (www.weingaertner-neuffen.de).

Fröhliche Schussfahrt im Kirschenfeld.

Informationen und Adressen

Schwäbisches Streuobstparadies e. V., Marktplatz 1, 72574 Bad Urach, Telefon (0 71 25) 3 09 32 63, www.streuobstparadies.de

Landesverband für Obstbau, Garten und Landschaft Baden-Württemberg e. V. (LOGL), Klopstockstraße 6, 70193 Stuttgart, Telefon (07 11) 63 29 01, www.logl-bw.de

Schwäbische Alb Tourismus e. V., Marktplatz 1, 72574 Bad Urach, Telefon (0 71 25) 94 81 06, www.schwaebischealb.de

Zollernalbkreis

Wirtschaftsförderungsgesellschaft für den Zollernalbkreis mbH/ Zollernalb-Touristinfo, Hirschbergstraße 29, 72336 Balingen, Telefon (0 74 33) 92 11 39, www.zollernalb.com

Apps: Zollernalb, Traufgänge

Kreis Tübingen

Tourismusförderung des Landkreises Tübingen, Landratsamt Tübingen, Wilhelm-Keil-Straße 50, 72072 Tübingen, www.kreis-tuebingen.de und www.tuebinger-umwelten.de

Kreis Reutlingen

Tourismusgemeinschaft Mythos Schwäbische Alb, Kaiserstraße 27, 72764 Reutlingen, Telefon (0 71 21) 4 80-30 33, www.mythos-alb.de

Biosphärenzentrum Schwäbische Alb, Von-der-Osten-Straße 4, 6 (Altes Lager), 72525 Münsingen-Auingen, Telefon (0 73 81) 93 29 38 10, www.biosphaerengebiet-alb.de

Apps: Mythos Schwäbische Alb, Bad Urach, Freizeit im Biosphärengebiet Schwäbische Alb

Kreis Esslingen

Tourismusförderung für den Landkreis Esslingen, Landratsamt Esslingen, Pulverwiesen 11, 73726 Esslingen am Neckar, Telefon (07 11) 39 02-0, www.landkreis-esslingen.de/tourismus

Kreis Göppingen

Tourismusförderung im Landratsamt Göppingen, Lorcher Straße 6, 73033 Göppingen, Telefon (0 71 61) 2 02-4 46, www.landkreis-goeppingen.de/tourismus

Region Böblingen

Tourismusportal des Landkreises Böblingen: www.schönbuch-heckengäu.de

Apps: Schönbuch & Heckengäu

Museen

Obstbaumuseum Glems, Eberbergstraße 24, 72555 Metzingen-Glems, Telefon (0 71 23) 1 56 53.

Weinbaumuseum Metzingen, Keltern-Platz, Am Klosterhof 6, 72555 Metzingen, Telefon (0 71 23) 9 61-7 91, www.weinbaumuseum-metzingen.de

Freilichtmuseum Beuren, In den Herbstwiesen, 72660 Beuren, Telefon (0 70 25) 9 11 90-90, www.freilichtmuseum-beuren.de

Zentralobstgarten Mähringen, Kontakt: Gemeinde Kusterdingen, Telefon (0 70 71) 13 08 44, E-Mail: cfalkenberg@kusterdingen.de

Kulinarisches

Alte Kass, Gartenstraße 3, 73272 Neidlingen, Telefon (0 70 23) 9 42 35 28, www.alte-kass.de

Gasthof-Restaurant Hirsch, Unterdorfstr. 2, 73342 Bad Ditzenbach-Gosbach, Telefon (0 73 35) 96 30-0, www.hirsch-badditzenbach.de

Gasthof Lamm, Eschenbacher Str. 1, 73114 Göppingen-Schlat, Telefon (0 71 61) 9 99 02-0

Manufaktur Jörg Geiger GmbH, Reichenbacher Straße 2, 73114 Göppingen-Schlat, Telefon (0 71 61) 9 99 02-24, www.manufaktur-joerg-geiger.de

Buchtipp

Markus Zehnder, Friedrich Weller: Streuobstbau – Obstwiesen erleben und erhalten, 2. überarb. Aufl., Stuttgart 2011. Das Standardwerk zum Streuobstbau führt über die Geschichte des Streuobstbaus zu dessen Bedeutung für Kulturlandschaft und Artenvielfalt. Es weckt die Begeisterung für die bedrohten Streuobstwiesen und ermutigt mit vielseitigen praktischen Anleitungen zur Erhaltung und Neuanlage. Streuobstlandschaften Europas werden als attraktive Reiseziele vorgestellt.

»Gewürzluiken« im Herbstlaub. Vorhergehende Doppelseite: Ein Spaziergang unter blühenden Hochstammbäumen berührt alle Sinne.

Regionale Genüsse

**Christiane Bach,
Walburga Schillinger
Barbara Sester**

Omas Gärten

Ein Dutzend bäuerliche Nutzgärten zwischen Schramberg, dem Wiesental und dem Hegau, die seit Jahrzehnten von Frauen bewirtschaftet und gestaltet werden, stellt dieser Band vor. Für die Bäuerinnen zwischen 50 und 92 Jahren trägt der Garten wesentlich zur Ernährung der Familien bei. Bescheiden in ihrer Art, bewahren die Großmütter einen reichen Schatz an Gartenwissen und Erfahrung. Mit traditionsreichen Rezepten und Gartentipps.

160 Seiten, 184 Farbfotos, fester Einband. ISBN 978-3-8425-1295-5

Rolf Maurer

Spitzkraut, Landschwein, Höri-Bülle

Gaumenfreuden aus Baden-Württemberg wiederentdeckt.

Höri-Bülle, Alb-Linse, Hinterwälderrind – alte Gaumenfreuden liegen voll im Trend. Kenntnisreich und unterhaltsam erzählt der Fernsehjournalist Rolf Maurer von der (Kultur-)Geschichte der so genannten Renaissance-Lebensmittel.

Mit zahlreichen Rezepten von Meisterköchen, 136 Seiten, 103 Farbfotografien, fester Einband. ISBN 978-3-8425-1100-2

**Jürgen Autenrieth
Annegret Müller-Bächtle
Alexander Schulz
Rainer Fieselmann**

So schmeckt die Alb

Kochen mit feinen Zutaten aus dem Biosphärengebiet

Ein kulinarischer Streifzug über die Schwäbische Alb. Die leichte regionale Küche ist schon seit längerer Zeit im Trend. Die Autoren zeigen, aus welchen Zutaten sich die köstlichsten Gerichte zaubern lassen und wo man die Produkte dafür bekommt.

152 Seiten, 130 Farbfotos, fester Einband. ISBN 978-3-8425-1195-8

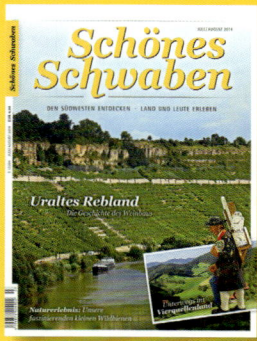

Schönes Schwaben · Das Magazin für Land und Leute

- Die farbige Monatszeitschrift zu Kultur, Geschichte und Heimat.
- Informativ und unterhaltsam, aktuell und zeitlos.
- Traumhaft schöne Fotos, interessante Artikel von kompetenten Autoren.

- Fordern Sie ein Probeheft an.
- Informationen: Abo-Service Schönes Schwaben unter Telefon: (07 11) 6 01 00-19 und www.schoenesschwaben.de

Silberburg·Verlag

www.silberburg.de